太阳的生与死

LIFE & DEATH OF THE SUN

（美）乔治·伽莫夫 著

赵玉露 译

团结出版社

初版前言

我们的太阳是怎么形成的？它为什么能不断地发光发热？而它最终又将何去何从？这些问题与我们地球上的一切生命都息息相关，因为他们的生存和繁荣都离不开太阳的辐射能。

自人类开始科学思考以来，太阳能的问题一直就是人们竞相探索的问题之一，同时也是最难解的自然谜团之一。直到10年前，人们才凭借正确而科学的方式逐渐拨开了笼罩着太阳能的疑云，从而认识了它的过去、现在和未来。最终研究结果证明：太阳发射的巨大能量来源于其内部发生的化学元素的转化，而这其实正是中世纪炼金术师一直求而不得的"元素转换"。

无尽广阔的宇宙空间中分布着大量的恒星家族，而太阳只是其中的一员，所以如果要回答这个太阳能问题，就必然会牵扯到恒星的演化历程，而恒星的演化历程又会将我们带回到恒星宇宙的产生这一基本问题上。

在本书中，一直密切关注这些相关问题的研究进展的作者尽可能以最简单通俗的方式概述相关的基本发现和理论，希望能帮助我们从宏观层面了解我们的世界是如何演化而来的。本书涉及了很多刚刚得出的新观点，这些新观点之前从未在公共文献中讨论过。

尽管作者在前言中不能按照惯例表示"本书情节、人物纯属虚构，如有雷同，纯属巧合"，但最好还是要敬告读者不要对后续文章中出现的细枝末节太过较真。如：德谟克利特不修边幅的胡子，罗素是因为普林斯顿下雨才有功夫绘图，汉斯·贝特博士的好胃口帮助他快速解决太阳能反应的问题。

　　作者在此向他的朋友德斯蒙德·H·库珀博士表示由衷的感谢，库珀博士读过初稿之后提出了很多宝贵的建议，比如建议作者将单位尔格转换成卡路里等类似问题。

乔治·伽莫夫

乔治华盛顿大学　1940年1月1日

1952年版前言

本书首次刊发距今已有12年之久，期间我们在对恒星演化以及行星家族形成的认识和理解方面已经取得了相当大的进展。

虽然关于我们的太阳及主序星中其他恒星的理论（第5章和第6章）在本质上并未发生变化，但我们对红巨星性质（第7章）、白矮星起源（第8章）以及恒星爆炸过程（第9章）的理解却有相当大的提升。

首先可以明确的就是恒星内部发生的炼金反应（位于中心的燃料耗尽之后）会慢慢向外扩展一直到恒星表面，就像火柴上掉下的火星可以燎原一样，这就是所谓的恒星"壳源模型"，中心是一个充分燃烧的炼金物质，往外是因炼金火继续燃烧而不断产生能量的一层外壳，最外面一层是尚未被发现的恒星物质。随着"火势"逐渐向表层蔓延，恒星最外面的那一个包层会慢慢膨胀。当恒星外层直径达到太阳直径几百倍以上时，就会变成一颗红巨星，从赫罗图的左边演化到右边。根据该理论的作者及其同事科尔先生的计算，在天空中观察到的大部分红巨星很有可能都处于它们演化的"壳源"阶段，位于正常的主序演化阶段之后。

在外壳扩张的同时，恒星中央区域的物质却会不断地收缩，并在演化后期完全变成一种高密度的物质。当不断膨胀的外壳最终完全消散到周围无尽的空间中时，我们就会在红巨星原来的地方看到一颗白矮星。失去不断扩张的外层遮蔽之后，这个从红巨星炙热的内部演化而来的白矮星就会进入到人们的视线之中。

巨星，也就是超新星，爆炸理论也取得了重要进展。正如在第9章中讨论的，恒星整体突然崩塌就会导致这样的爆炸，但是诱发崩塌的原因则是一种新发现的现象，叫作"乌卡"过程。事实上，作者及其同事舍恩伯格博士的研究表明，恒星在收缩后期的内部温度能达到数十亿度，所以里面肯定会发生一种迄今还未知的全新反应。这个与不同元素的原子核不断捕获并重新释放自由电子相关的反应，其实就是一个生成大量"中子"的过程，这种奇妙的现代物理粒子不携带任何电荷，也没有什么实际质量，但却拥有强大的力量能够穿透物质。所以虽然中子生成于恒星中心附近，却能轻而易举地从恒星体中逃脱，并带走恒星内部的大量能量，导致恒星内部的气压下降，随后引发恒星由外及内的崩塌。恒星外层崩塌后，大量的热气就会从内部喷发出来，导致恒星光度骤增。喷发出的气体会不断扩张到周围的空间中去，并最终在老去的超新星周围形成巨大的气体层。

关于行星形成的问题，德国物理学家及宇宙进化论者魏茨泽克提出了与早期观点完全相反的意见。魏茨泽克反驳了我们现行的星际物质构成知识，认为星际物质99%是氢氦混合物，只有1%是普通的"地表"物质，这样他就能消除"康德–拉普拉斯星云假说"先前存在的明显矛盾，将其发展成为一个前后一致的行星形成理论。如此一来，那第10章最后一节描述的情况就完全颠倒了，好像我们的行星系统就是按照类似于"康德–拉普拉斯"的方式产生的，而不是金斯、张伯伦和莫尔顿说的那样，是由于太阳和其他恒星碰撞才形成的。

G·P·凯伯及D·特哈尔后来对魏茨泽克的理论进行了扩充延伸，按照这个理论，原太阳星云就是一个由气体（氢气和氦气）和灰尘（地表物质）构成的扁平的圆盘，与太阳本身是在同一个压缩过程中一起形成的。但是，原始太阳星云中的气体和灰尘部分在演化时行进的方向肯定是不同的。当占总质量99%的气体部分受太阳自转离心力向外围空间逐渐消散的时候，只占总质量1%的灰尘则会因为相互碰撞而逐渐黏合到一起，变成越来越大的石块，并最终成为我们现在所知道的行星。

魏茨泽克在其理论中提出灰尘聚合这一重要假设所依据的证据是：当两个高速运行的等体积固体碰撞时，都会被碰撞时产生的热量瞬间蒸发。在同等条件下，如果这两个固体体积悬殊，一个小物体与比它大得多的物体相撞，则小固体就会附着在大固体之上。该过程经常被拿来比喻行业竞争，当两个小公司之间发生价格战争的时候，通常情况下，这两个小公司都会破产；而如果这两个公司的规模相差悬殊，通常的结果就是小公司被大公司吸收、吞并。就像行业竞争会促成大型垄断集团的产生一样，太阳星云形成时发生的灰尘颗粒之间的碰撞会将它们都聚集在一起，形成一个大的固体，也就是我们所熟知的行星。

经过仔细的研究，魏茨泽克计算出，直径约为一微米的原始尘埃颗粒只需要几亿年的时间就能聚合演化成为一颗行星。另外，他还表明，在行星家族中，任何行星成员与太阳之间的距离大约都是冲着太阳方向与太阳距离最近的行星距离的两倍，但该结果只是根据古老经验主义的波德–提丢斯定律推算出来的。虽然几个世纪以来，行星系内各成员间的距离问题一直是个未解之谜，但魏茨泽克这次修订"康德–拉普拉斯星云说"，为我们提供了一个前后一致的行星起源理论。另外，依据这个唯一能解释行星距离的定律，我们最终找到了办法，这个办法可以解决与宇宙起源相关的一个古老争论。

由于作者及其同事，拉尔夫·阿尔法、R·C·赫尔曼、恩里科·菲尔米以及安东尼·图尔克维奇孜孜不倦的研究，关于宇宙起源这一更广泛的问题，诸如宇宙膨胀及膨胀初期化学元素形成相关理论，在过去5年取得了显著的进展。现在已能证明，当填充空间的初始物质附近的温度达到10亿度时，宇宙就会开始膨胀，并发生核反应。我们在宇宙中观察到的大量的化学元素正是来自于宇宙开始膨胀后30分钟内发生的简单核反应。这种原物质名叫"伊伦"，性质与中子、质子和电子这样的基本粒子完全相同。随着宇宙不断膨胀，当宇宙中的温度开始下降时，质子和中子就开始以各种形式联合起来，形成原子重量各不相同的核子。

参考关于核子物理的相关研究数据，并且利用广义相对论推导得出的膨胀空间中的温度和密度变化参数，我们不仅可以计算出这一过程中形成的不同原子核的相对数量，而且这种计算的结果大体上与元素相对存量的经验数据非常吻合，所以这也是一个相对让人满意的成功。尽管如此，我们还是面临着很多严峻的考验（尤其是宇宙中缺少一种质量为5的原子核），导致我们无法详尽地进行阐释，所以在这方面我们的工作依旧是任重而道远。

很多读者可能很难相信宇宙中的元素是在35亿年前的半个小时之内形成的，也不明白为什么要讨论这么久之前的这一小段时间。但实际情况是，我们有时确实会无意识地分割时间段。例如，虽然原子弹爆炸时的核反应过程仅需要百万分之一秒，但是数年之后仍可以在试验场轻易地检测到爆炸引起的核放射。显而易见，几年相对于百万分之一秒与半年相对于约三十亿年差不多，比例都是100,000,000,000,000:1。

关于原子弹，我们还必须要指出，本书出版于1940年，后来人类逐渐掌握了如何获取并控制第4章所讨论的原子内能量，我们会在附录中简要介绍一下这个重要的技术进步。

乔治·伽莫夫

1952年4月

目录 contents

第十二章 宇宙的诞生

第一章 太阳及其能量

太阳和地球上的生命

"太阳和月亮，哪个更重要一些呢？"俄国著名的哲学家库兹马·普罗德科夫[1]不禁这样问道，而且经过一番思考后他认为："月亮更有用，因为月亮能点亮黑夜，而太阳却只在到处都是光的白天发光。"

虽然所有学生都知道月亮能发光是由于发生了太阳光线的反射，但人们还远未普遍认识到确实存在这种情况：几乎地球上的一切都与太阳的辐射能是息息相关的。

尤其，人类文明开发的所有能源确实都与太阳相关，到目前为止，都如此。举例来说，直接利用太能热量，比如用一个大的凹面镜收集太阳能，仅在稍微复杂巧妙的少量设备上使用——就能让亚利桑那沙漠存储冷饮的冰箱运行，或者也可以加热塔什干东部城市公共浴池里的水。此外，在我们的供暖厂燃烧木材、煤炭或石油来供热，也只不过是在释放太阳辐射能，这些辐射能以碳化合物形式储存于现在或者久远的地质时代的森林之中。

借助太阳光线的照射，存在于正在生长的树木绿叶上的二氧化

1.虽然库兹马·普罗德科夫是俄国诗人康特·阿列克谢·托尔斯泰和他的兄弟伽莫夫储斯尼科夫虚构的小说人物，但至少他与古代同时期的许多哲学家一样，提出了一个很不错的哲学观点。——作者注

碳,被分解成碳和氧气,并将氧气释放到大气中(这就是为什么室内植株可以起到"净化"空气的作用),同时将碳存储在植株体内,在柴火或炉火中,随时准备与大气中的氧气再次结合。

图一 太阳的外形及横截面。

我们在燃烧树木时,永远无法获得比生长的树叶从太阳光线吸收并存储更多的能量。所以,不管现在还是过去,没有阳光就不会有森林,然后地球表面也就不会存储煤炭和石油了。

水能也是太阳 的一种转化形式,这就不必解释了。太阳的热量会将海洋表面的水分蒸发,并且把它沉积在更高的水平面上,然后再次流淌到原来的水库。同样也可以应用到风能上,地表不同地方的空气因受热不均而流动形成了风,因此太阳热量同样可以应用到风能的形成上。我们到处发现的一切能源都与太阳有关,如果没有太阳光线的照射,地球表面就如同死寂。

但是太阳能的来源是什么呢? 需要多长时间才能形成? 而且又能

维持多久呢? 太阳是如何产生的? 太阳的能量源一旦耗尽会发生什么后果呢? 为了回答这些问题, 我们首先必须知道太阳每天辐射的能量以及在它的内部所存储的总能量。

能量单位

计量物理能的常用标准单位是尔格, 尽管在特殊情况下, 也会使用其他计量单位——卡路里(热量测量单位)和千瓦时(电力单位)。1尔格是质量为1克的物体以1厘米/秒的速度运动时所产生动能的两倍, 所以就我们一般的经验而言, 1尔格只是相对非常小的一个单位。

例如, 一只飞行中的蚊子就拥有几尔格的动能; 而加热一杯茶水, 我们需要几千亿尔格的能量; 一台普通台灯每秒钟就能消耗250亿尔格的能量。质量上乘的1克煤炭在完全燃烧过程中可释放出3000亿尔格的能量, 那么按照现行的煤炭价格来计算, 如果使用煤窑提供的袋装煤炭, 每尔格能量成本约为0.000000000000003分。而家庭用电时, 能量价格就会稍微高一些, 因为除了煤炭的价格之外, 还增加了将燃烧的煤炭所释放的热量转换成电流的机器成本费用。

太阳的辐射能

垂直于地表降落到地球表面的太阳辐射能, 它的测量数值为1,350,000尔格/平方厘米/秒(每平方厘米的地表每秒接收的太阳辐射能为1,350,000尔格)。因此, 如果我们按照目前的煤炭价格来评估这些能量, 我们会发现, 在阳光明媚的日子里, 平均每个院子都会获得价值数美元的能量。以工作的技术单位来表示, 太阳辐射到地表的能量为4,690,000马力/英里^2, 所以太阳每年辐射到我们星球的能量总和是每年全球燃烧煤炭和其他燃料所获得能量的几百万倍。

但是，地球接收到的太阳辐射能只是全部辐射能的一小部分，因为大部分都自由逃逸到了宇宙空间中，数值大小为$3.8×10^{33}$尔格/秒或者是$1.2×10^{41}$尔格/年[1]。将这个太阳辐射能除以太阳的表面积（$6.1×10^{22}$厘米^2），我们发现太阳表面每平方厘米的面积每秒能释放$6.2×10^{10}$尔格能量。

太阳的温度

太阳表面需要有多高的温度才能产生如此强烈的热辐射呢？水（沸点温度）供热系统中的高温辐射体每平方厘米每秒可辐射大约100万尔格的能量。相应的，一个炽热的火炉（约500℃时）可释放2000万尔格的能量，而一个普通电灯泡的白热丝（约2000℃）可释放20亿尔格的能量。发热体的热辐射会随着它们温度的升高而有规律地增加，而且与温度的四次方成正比。这里的温度是从绝对零度[2]开始计算的温度。

如果我们将太阳表面的辐射与上述给出的例子进行对比，就可以轻易地推算出太阳表面的温度肯定非常接近6000℃，这明显高于在实验室条件下使用特殊电炉所能获得的那些温度条件。实际上，为什么炉子达不到如此高的一个温度值？这个原因也很简单，那就是制造炉子的所有材质，包括白金或碳这样的耐火物质在内，当遭遇6000℃高温

1.在物理学和天文学领域，人们习惯用10的次方来表示非常大的数和非常小的数。因此，$3×10^4＝3×10,000$（例如，后面4个0）或30,000；同时$7×10^{-3}＝7×0.001$（例如，3个小数位）或0.007。本处使用的"10亿"即为1000个100万或者是$1,000,000,000$再或者为10^9。——作者注

2.绝对零度是摄氏度温标中的冰点下273℃，本文随后所给出的温度均采用摄氏温标。——作者注

时, 不仅会被融化而且还会被蒸发掉[1]。在这种高温状态下, 一切物质都只能以气态形式存在, 而这与我们在太阳表面发现的情况完全吻合, 即所有元素目前都处于气态。

但是, 如果说太阳表面确实是这样, 那么太阳内部也必然是如此, 所以太阳中心的温度肯定比表面温度更高一些, 因为必要的温差可以使能量从中心区域扩散到表面。事实上, 针对太阳内条件的一项研究表明: 太阳中心温度高达2000万℃这一惊人的数值。人们可能对如此高温的重要性在理解上有一定的困难, 为了便于理解, 我们举例来说明, 一个中等大小的火炉（由一些能承受这种高温不存在的耐火物质制成）, 一旦火炉达到这个温度, 那么其释放的热辐射会烧毁方圆数百英里内的一切。

太阳的密度

对太阳温度的这些考虑可以使我们得出非常重要的结论, 那就是太阳其实是温度极高的一个巨大气态球体。但是, 我们如果把这种气体想象成是一种非常稀薄的物质状态, 这是错误的。在标准大气条件下, 我们通常所接触到的气体密度确实低于液体或固体密度, 但我们千万不要忘记, 太阳中央区域的气压甚至是标准大气压的100亿倍。在这种气压条件下, 任何气体都会被这样压缩, 以至于它的密度甚至都超过一般状态下的固体或液体的密度。一方面, 气态与液态或固态的区别并不体现在它们的相对密度上, 另一方面, 这种区别体现于: 在外部压力的作用下, 气体趋于无限膨胀或者具有极强的可压缩性。当把一

1.人们确实获得过高于太阳表面温度的温度值。例如, 当向细细的金属灯丝输送强电流, 灯丝会在放电的瞬间融化蒸发, 在这一瞬间温度值高达20,000℃)。——作者注

块岩石从地球内部转移到地表时，这块岩石在体积上基本不会发生什么变化，但是如果太阳的外部压力充分降低，那么太阳就会无限地膨胀。

因为太阳内部气态物质的高压缩性，太阳物质的密度从表面到中心就会急剧增加。根据已有的计算，太阳的中心密度必须是其平均密度的50倍（也就是说，太阳中心物质的密集程度是太阳整体密集程度的50倍）。我们用太阳质量（2×10^{33}克）除以太阳体积（1.4×10^{33}厘米^3）就可以得出太阳平均密度的大小，从而可以得出太阳的平均密度是水密度的1.4倍，太阳内部压缩气体的密度是水银密度的6倍。另一方面，太阳外层就相当稀薄了，生成太阳光谱吸收线的色谱层压力只有标准大气压的千分之一。

尽管有关太阳物理和化学性质的所有直接观察证据仅限于在这层稀薄的太阳大气中发生的现象，但是如果我们将这些表面的条件作为基础，充分利用我们在物质特性方面的常识，我们就有可能清楚地了解太阳内部的情况，如同我们亲眼看到里面的情况一样。我们对太阳内部的数学分析主要参考的是英国天文学家亚瑟·爱丁顿先生的研究，而图1就是从他的计算结果中获取的太阳内部结构示意图。图中的T、P和ρ的值分别表示的是太阳表面不同深度下的温度、压力和密度。

太阳表面活动

关于太阳的活动特点，普通大众最熟悉的应该就是所谓的"太阳黑子"（照片 1A）和"日珥"了，"日珥"就是太阳表面向外喷射出的高达成千上万公里的发光发热气体（照片1B）。"太阳黑子"，黑暗的斑点，只是因为它们与周围更多的发光面对比之下，看起来会比较暗，实际上是位于太阳光球层上的一个个巨大漏斗状漩涡，太阳内部的气体以螺旋形式向上向外扩散后温度就会降低，所以在其他未受影响的较亮光球层的衬托下，这些地方（指有漩涡的地方）看起来就会比较暗。

当"太阳黑子"位置靠近太阳圆盘边缘时，从外形轮廓上来看，我们会发现这些气体喷射就像一个个火柱。关于"太阳黑子"的起源，目前理论主要依据的是，非刚性体的太阳在自转时，不同的地方会产生不同的角速度，比如接近赤道地区的转动速度比更靠近两极的地区要快一些，转速上的这一差异使得在太阳表面的气体因此而形成漩涡。这与激流的河水和溪水表面会因为水流速度不同而产生漩涡一样。说到"太阳黑子"，我们就不能不说到它显著的周期性活动，但是直至今日，对此并没有令人满意的相关解释。太阳表面的"太阳黑子"数量呈现周期性的增减，周期平均约为11.5年。"太阳黑子"的这种周期性也会对我们地球的物理现象造成一些微小影响，如影响年平均温度（影响幅度不会超过1度）、造成电磁干扰和引起极光现象。有人还试图尝试将大雁迁徙时间的变化、小麦的产量，甚至社会革命的发生与太阳的这一周期性活动联系在一起，但这些关联基本上并未得到认同[1]。

"黑子"与"日珥"仅发生在太阳表面相对较薄的一层里面，就像人类发生皮肤过敏与人类的生命发育没有更多的联系一样，它很可能与太阳演化再无更多关联。所以，我们在本书中不再继续讨论与"黑子"或"日珥"现象相关的一些问题。

1.有记录的太阳黑子活动峰年分别为1778、1788、1804、1816、1830、1837、1848、1860、1871、1883、1894、1905、1917和1928年，而实际上美国革命、法国革命、巴黎公社和俄国革命等类似的革命活动发生的时间非常接近黑子活动峰年。历史上曾出现过一次持续性的黑子活动期，即1937年至1940年。读者如果愿意的话，可以试着将世界在这期间的动荡不安与此联系起来。——作者注

太阳的年龄

我们现在来讨论一个很重要的问题——太阳的年龄。一方面，因为它不仅与我们地球的年龄密切相关，另一方面，它同时也关系到整个恒星宇宙的年龄。我们知道今天的太阳与去年一样，与拿破仑指着太阳跟他的将士们说这就是"奥斯特里茨的太阳"时一样，与古埃及神父崇拜地说它是万神之神——太阳神时也一样。

当然，与漫长的地质年代及生物进化史相比，人类有记录的历史只能算得上是惊鸿一瞥，地表下隐藏的诸多证据也表明太阳活动在相当长的一段时期内没有发生任何变化。今天，我们在炉子里燃烧的煤炭就足以证明，在久远的地质时代，那些奇怪的鳞木属和巨木贼类植物森林接收到的太阳光照射与我们现在所接收到的一样。不同的地质层发现的化石表明，有机进化从先寒武纪前开始就从未中断过。这说明，在过去的亿万年中，太阳的光照不可能发生过明显剧烈的变动，因为一旦发生任何剧烈变化，地球上的生物可能就会消亡，而且也会缩短有机进化过程[1]。确实，因为将太阳辐射能减半将会使地球温度远低于冰点之下，但是一旦这个辐射量提高3倍，那么大洋中的海水就会沸腾。

虽然可以肯定的是，先有地球本身，然后再有地球上的生命，并且，我们仍可以从构成我们地壳岩石的化学组成中发现在地球形成之前就存在的一些无机物质。很多这样的岩石中都含有少量的放射性元素，即为人所知的不稳定元素铀和钍，这两种元素衰变缓慢，一般都需要几十亿年才能最终形成一种类铅物质。只要地球表面还处于一种如

1.这种可能性还包括所谓的"冰河时期"，尽管地质学证据显示，"冰河时期"可能是因为太阳活动发生了微小变化才产生的，然而，我们应该注意的是，纯粹的陆地因素也会造成这种微小的气候变化，例如，我们大气中二氧化碳含量的变化。——作者注

岩浆一般炽热的熔融状态时，这些衰变产物一定是通过扩散和对流的混合过程，而不断地从母元素中扩散分离出来。但一旦形成坚硬的地壳，分离出的蜕变物质就会在放射性元素附近堆积。所以，通过测量不同岩石中所含放射性元素及其蜕变产物的相对数量，我们就能准确地推算出岩石的固化时间。使用同样的方法，我们或许还能依据墓地中的骸骨数量估算出村庄的存在时间。

根据这几个方面的研究，我们得出结论，地球固体地壳的形成时间应该在16亿年之前。因为地壳肯定是在地球从太阳中分离出来之后不久就形成的，我们还可以通过这种方式准确地推算出地球作为一个独立的星球个体存在的时间。太阳的形成不可能晚于地球，而且一定比地球的形成相应地要早得多，并且为了给太阳可能的年龄找到一个上限，我们必须要找到太阳只是整个太阳系众多成员之一的证据。

在接下来的章节中，我们将会讨论宇宙从最终填满整个空间的均匀气态形成恒星，特别是形成太阳的过程。所以，在这里，我们只需简单地提一下，对恒星系统中的恒星移动以及不同恒星系统相对于其他恒星系统移动的研究明确显示，恒星的形成过程不超过20亿年。这样，关于太阳可能的年龄，我们就能获得一个相对较窄的限制范围。另外，还有证据表明，我们的地球及其他行星都形成于太阳生命的早期阶段。

将估算的太阳年龄（约20亿年）乘以前文给出的太阳年辐射量（1.2×10^{41} 尔格），我们可以得出结论，自太阳形成以来，太阳一定已经辐射了大约 2.4×10^{50} 尔格的能量，或者按照太阳质量转换的话，每克太阳已经提供了 1.2×10^{17} 尔格的能量。这些巨大的能量都是从哪里来的呢？

太阳真的在"燃烧"吗?

关于太阳热本源的最初假设, 最有可能是由旧石器时代的穴居人提出的, 他们认为发光的太阳与他们火炉中的炉火应该很相似。当普罗米修斯从太阳那里偷取永恒之火时, 当时可能只是认为太阳就像木柴或煤炭燃起的火焰一样能方便早期的人类进行烹饪。虽然这种认为太阳会"燃烧"的想法很天真, 但这种想法在人们心中根深蒂固, 一直持续到近代左右。

但是, 我们想知道太阳内部究竟是什么在燃烧, 因为普通燃烧过程很明显根本无法解释为什么太阳活动能持续这么久。我们已经知道 1 克煤在充分燃烧后, 只能释放 3×10^{11} 尔格的能量, 而太阳在其过去的演化历程中, 每克质量产出的能量是它的 50 万倍还不止。如果太阳的成分只是单纯的煤炭, 那么它从第一任埃及法老时期开始点燃的那一刻起, 到现在早就应该已经燃烧成灰烬了。同理, 可以提供的任何其他的化学转化也不足以解释太阳热量的来源, 因为它们甚至都无法让太阳维持其生命周期的十万分之一。

事实上, "燃烧"这一概念与太阳中发现的情况完全不相符。光谱分析确实显示太阳大气中确实存在碳和氧这两种元素, 但太阳太热了, 是不可能燃烧的。通常, 我们会习惯性地想到燃烧, 或者其他化学反应会产生复杂的化合物, 会导致温度的升高。用火柴来点燃一小块木头, 这块木头就会在空气中氧气的作用下燃烧, 而要点燃一根木柴我们就必须在一个粗糙的表面上摩擦火柴头上的磷。但是, 从另一方面来讲, 如果温度太高, 任何复杂的化合物都会被分解成元素, 比如, 水蒸气会被分解成氢气和氧气, 二氧化碳会分解成碳和氧气。

太阳大气中高达6000℃的温度能够破坏一切复杂化合物的化学键，所以形成太阳的气体肯定只能是纯元素物质的物理混合。但是，在其他恒星的外层中，因为其表面温度相对较低（1000℃——2000℃），所以是有可能存在二氧化碳这样的复杂物质。

收缩假设

我们已经稍微偏离了最初关于太阳能起源的问题，现在为了回归到主题，我们引用上个世纪德国著名物理学家赫尔姆·霍茨的研究，他不仅关注太阳目前的状态，而且也关心太阳的起源。

根据赫尔姆·霍茨的研究，太阳曾经是由冷气体组成的一个大型球体，直径要比现在大得多。很显然，这种气态球体无法达到一种平衡状态，因为高度稀薄的冷气体中压力相对较小，这会导致气体内部不同部分之间的引力无法达到平衡。所以，在自身重量的作用下，这个初始状态的太阳一定在开始时就会快速收缩，不停地压缩位于其内部区域的气体。但是，基本的物理常识显示汽缸中不断移动的活塞压缩气体时，会导致气体温度增加。所以，原始的巨大气态球体在不断缩合的过程中肯定会造成其物质温度的增加，直到气体内部不断增加的压力变得足以承受其外层重量。

在这个阶段，太阳物质的快速缩合过程必然已经停止，如果太阳表面不再损失任何能量，那么太阳就会达到一个完美的平衡状态。但是，由于太阳表面会持续不断向周边的寒冷空间辐射热量，我们的气态球体就会不断损失一些能量，而为了弥补失去的这些能量，就必须继续进行收缩。根据赫尔姆·霍茨的观点，太阳实际上应该一直处于收缩状态，其之所以能形成辐射并不是由于任何化学反应，而应完全归咎于其在收缩这个过程中产生的重力能。

为了维持我们所观察到的太阳辐射强度，根据牛顿的万有引力定律，不难算出，每100年太阳必须减少0.0003%的半径，也就是大约2公里的半径。当然，相对人类短暂的一生，甚至整个人类历史来说，这个缩短过程肯定是很慢的，所以很难被观测到。不过，如果换个角度，从地质时标来看，这个过程就相当快了。

根据计算，太阳从无边无尽的范围收缩到现在的半径大小所释放的重力能总共只有2×10^{47}尔格，仍比实际消耗的能量少1000倍。所以，尽管赫尔姆·霍茨关于太阳早期演化阶段的收缩假设看起来很有道理，我们还是得做出这样的结论，即处于目前状态的太阳拥有比化学反应或重力能更强大的其他能量源。

"亚原子能量"

上个世纪的物理科学还无法解释我们的太阳供给能量这一谜团，但是快到本世纪时，对于物质放射性衰变现象的发现以及人为转变化学元素的可能，为破解天体物理学领域这一最关键的问题带来了希望。研究发现，在物质的最深处，即构成一切物质体原子的无穷小原子核中，蕴藏着大量的能量，这就是所谓的"亚原子能量"。"亚原子能量"首次被观察到，它是一种从放射性物体的原子中缓慢释放出来的能量，在特定情况下，可以大量集中释放，形成能量流，所释放的能量甚至可以达到普通化学反应所释放能量的上百万倍。

目前，对于"亚原子能量"以及释放该能量所需物理条件的研究成果，不仅能帮助我们解释太阳辐射，而且还能帮助我们解释天文学家所知的其他各类恒星的辐射以及其他特征和特点。另外，关于恒星演化的问题，尤其是关于太阳过去及未来的问题，也会随着能量源问题的解决而变得更加清晰。

但是，我们在讨论这些令人兴奋的问题之前，必须先绕道深入到原子世界中，去了解一下它们的特点和内部结构等这些重要事情。作者遗憾的是，这种对纯粹物理学领域的探索可能会给一些读者带来痛苦，这本以天文学为题的书中提到了这一纯粹的物理话题，但是，除了诗人，没有人在不了解构成恒星的物质的特性的情况下谈论恒星。另外，如果读者能够密切关注在随后三章中要讨论的难度较大的课题，就能对天文学有一个更全面科学的了解，因为我们肯定会在这些章节中进行详尽讨论。最后，如果读者只是粗枝大叶地对这三章内容一扫而过，而直接关注其结尾的结论，那么毫无疑问，他将无法清晰地认识太阳的过去、现在和未来。

第二章 原子结构

原子的哲学概念

原子学说起源于公元前375年古希腊的阿夫季拉城。首次提出这个学说的人是一位名叫德谟克利特的老者，他留着凌乱的灰胡子，经常会在寺庙的户外讲授他的观点，所以被人戏称为欢乐哲学家。

"任何物质，像这块石头，"我们可以想象他正在演讲，"都是由很多单独的极其微小的颗粒构成的，就恰好像这座寺庙是用很多单独的石头建成的一样。这些颗粒从不同位置按照不同顺序聚集在一起就构成了所有的物质体，就像字母表中的字母一样，虽然数量很少，但却可以组成不计其数的单词。这些基本粒子代表了物质可分性的最后一步，也就是构成物质的最小基本单位，因此，我把它们叫作"原子"（也就是，原子是"不可再分的"）。原子非常非常小，所以理论上它们已经不能再继续分成更小的部分了。

德谟克利特的哲学思想认为原子是一种逻辑上的必然存在，是物质连续分解过程的最后一步，而且他认为物质分解过程不是无限的。另外，他所知道的原子假说也是将观察到的千变万化的无穷现象归结为相对较少的几种基本粒子的组合，所以他就偏见地认为自然的本质构成非常简单。

为了遵循当时在希腊哲学界盛行的观点，德谟克利特总结出了四种不同类型的基本粒子：空气粒子、土壤粒子、水粒子和火粒子，分别代表轻、重、湿、干的这些特性。他认为自然界一切已知的物质都可以通过这四种基本元素的不同组合而获得，就像把水和土壤混合在一起就可以得到泥浆，在炖锅中把"火与水混合"就能得到蒸汽一样，这些过程都再普通不过了。他甚至还推断了这些基本粒子的特性，尤其是将"火原子"想象成光滑的球状物质以此来解释熊熊燃烧的火焰。

炼金术及中世纪的淘金热

　　自古希腊思想家尝试通过纯粹的想象破解物质谜团之后，经历了几个世纪，关于物质及其转化的研究才有了实质性的进展。在整个中世纪，借着从落满灰尘的哥特式窗户透进来的光亮，欧洲的炼金师们在昏暗的屋里，在巨大的炉火前，手里拿着各种千奇百怪的容器徒劳地尝试用所能想到的各种各样物质来炼金。受陈旧的物质结合哲学理念的影响以及在充实自己实际愿望的驱使下，他们千方百计将各种自然物质磨成粉，然后混合在一起，进行熔化、溶解、煮沸、沉淀、纯化等一系列工序，绝望地寻找人工炼金的方法。从而他们的这些徒劳意外地为现代化学的发展奠定了基础。

　　此时，古希腊哲学中的四个"元素"已经被当时所推测出的其他四种基本物质所取代，即汞、硫、盐和火。人们认为将这四种基本物质恰当地进行组合就一定能得到金、银以及其他一切物质。但是，在数以百计的炼金师经过长达几个世纪的努力之后，却还无法将顽固的金子和银子塑造成功。于是，直到17世纪末，很多炼金实验室中的观点开始慢慢发生变化，他们开始认识到这些珍贵的金属以及其他很多物质本身也是元素。就这样，神秘的炼金技术最后发展成了化学科学，然后炼金术以及哲学中提出的四种基本物质也就被独立化学元素所替代，这些化学元素虽然数量相对更多但仍然是有限的。

尽管如此，中世纪炼金术的结果也造成了非常持久的负面影响。到18和19世纪时，化学界仍认为一种元素无法转换成另一种元素，而且还将这视为是基本的科学定律。人们认为不同元素中的原子是构成物质的绝对不可分割的最小粒子，这与它们名字的希腊语含义完全一致，而且科学家还将"炼金师"这一称呼视作是一种耻辱。但是，就像我们后来所看到的，就像钟摆一样，相关理论学说完全向相反方向发展了。

基础化学

如果不同种类原子的数量是有限的话（现在我们已知的元素有92种），那么所有其他数量庞大的物质一定都是这些原子的不同组合，而且各种复杂化学物质的构成粒子或分子肯定只是在构成其本身的原子种类和相对数量上有所不同。例如，现在的在校学生都知道水分子含有两个氢原子以及一个氧原子。另一方面，而过氧化氢分子——所有嫉妒金发碧眼女郎的黑发女郎都很熟悉——含有两个氢原子和两个氧原子。在过氧化氢分子中，因为第二个氧原子的化学键相对较松，很容易被释放，因此会造成不同有机物质的氧化和褪色。请参考图2来了解一个不稳定的复杂过氧化氢分子如何分解成一个普通的水分子和一个自由氧原子。

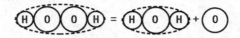

图2 过氧化氢分解成水和自由氧。

为了节省时间，化学家喜欢以稍微更简单的形式表达这一过程，即使用分子式公式，在分子式中用不同的符号表示不同的元素（该元素是希腊或拉丁名称的缩写），并在代表各元素符号的右下方用数字下标表示给定各原子的数量。这样，上述化学反应就可以用以下形式表达：

$$H_2O_2 \rightarrow H_2O + O$$

同理，我们可以使用CO_2表示空气中的二氧化碳，用C_2H_5OH表示酒精，用$CuSO_4$表示蓝水硫酸铜，用$AgNO_3$表示硝酸银。

根据原子-分子假设，英国化学家约翰·道尔顿在上世纪初率先提出了这一理论。这个假设要求：构成任何复杂化学物质的不同化学元素在数量上明显应当与原子重量比例相对应，而且实验也表明该假设确实可以强有力地证明这些观点是正确的。

"假设，"道尔顿争论时表示，"古老的德谟克利特理论是正确的，即所有的基本体都是由无限小的原子构成的。那么，如果一个人想用这些原子构建一个复杂的化学物质，这个人就只能用一个、两个、三个或者更多原子，而无法使用$3\frac{1}{4}$个原子，就像人们无法用$3\frac{1}{4}$个人组建一支体操队一样。"1808年，当道尔顿的《化学哲学新体系》一书在曼彻斯特发表之后，原子及分子的存在就成了物质科学研究不可动摇的既定基本依据。虽然对不同元素化学反应的定量研究可以准确评估出它们的相对原子量，但是单个原子的绝对重量和尺寸仍在化学科学研究的范畴之外。现在,原子学说方面的进一步发展主要依赖于物理科学的进步。

热动力学理论

物质的分子结构假设是否可以帮助我们理解物质的三种基本状态——固态、液态及气态之间的不同呢? 我们知道自然界的任何物质都可以在这三种形态之间转化。在几千度的温度条件下, 即使是铁也会蒸发; 在足够低温条件下, 空气也会被冻成固体块状。因此, 一个物体是固态、液态还是气态, 主要取决于该物体的热状态。通过加热, 我们可以将一个固体变成液体, 而通过继续加热, 我们就能将得到的液体变成气体。但热又是什么呢?

在物理发展的初期阶段, 人们认为热是从高温物体流向低温物体的一种独特的无重量流体, 可以使物体升温。这种观点是古时认为火是一种独立元素的延续。但是, 我们也可以靠搓手来温暖我们的双手, 同时也可以用锤子无数次反复敲击一块铁板来升高该铁板的温度。所以, 奇怪的是, 这个假想的 "热流" 好像产生于摩擦或敲击。

根据物质分子理论, 我们可以得出一个更合理的解释。虽然高温物体并不含有任何其他类型的流体, 但是与低温物体相比, 它们之间唯一的区别就在于内部粒子的运动状态。常温下, 任何物质体的分子都处于一种永恒的运动状态, 如果分子运动速度加快, 则该物质体的温度似乎就会上升。如果我们把一个热体与一个冷体放在一起(或者我们可以说, 如果两个相邻的物体之间有温度梯度), 温度较高物体中快速移动的分子会在两个物体的接触面上与温度较低物体中运动较慢的分子相撞, 并把它们的部分动能传递给后者。然后, 快速移动的分子会逐渐降低速度，而与此同时，运动较慢的分子相应地会加速，直到两个物体中的分子具有相同的能量，而且达到一种平衡状态。此时，我们就可以说两个物体拥有相同的温度，同时从一个物体到另一个物体的"热传导"也随之终止。

根据热量和温度的这一性质特点，我们马上就会想到应该存在一个可能的最低温度，或者说绝对零度，在这个温度下，所有物质的分子都会处于完全静止状态。在绝对零度下，构成任何物质的粒子会因为分子间的相互内聚力而附着在一起，然后呈现出一种固体特性。

随着温度上升，分子开始移动，当分子活动达到一定的状态，即分子间的内聚力迟早不足以使分子稳固待在自己的位置上，但仍然能将分子控制在一定的范围内，防止它们飞离。物体将不再坚硬，且仍然保持一定的体积，之后就可以得到一种处于液体状态的物质。然后，随着温度继续上升，分子移动的速度越来越快，以至于分子各自分开飞向不同的方向，此时就形成了一种趋于无限扩张的气态。有些物质在极低的温度下就能融化并蒸发，这只是因为物质分子间的内聚力很小而已。

分子运动能量

这些观点有直接的经验证实吗？其实可能因为确实是有人观察到了分子热运动，所以才有了迄今为止的相关假设？早在19世纪初，实际上就有人已经迈出了证明的第一步，但是这个人丝毫没有意识到他的发现很重要。

英国伦敦博物馆植物标本管理者罗伯特·布朗，曾通过他的显微镜，惊奇地观察到在一小滴水中悬浮的某些微小的植物孢子发生了奇怪的行为。那些孢子似乎被一种连续但不规则的运动激活了,这些孢子在它们的原来位置周围不停地以一种复杂的之字形轨迹来回跳跃(图3)。它们就像快速运行的火车上的物体一样,水滴内部的一切好像都在抖动,但是植物学家的旧桌子当时依然安安稳稳地立在地上。这是悬浮在液体中的任何小粒子的典型特点:永不会安定下来。人们后来发现悬浮在水中的金属粒子(即所谓的金属胶体悬浮),甚至是漂浮在空气的微小尘埃颗粒也都是如此。

图3 布朗通过显微镜观察到的活动轨迹。

　　布朗在1828年公布了他的发现,但并未给出充分的解释。大约半个世纪之后,人们才发现了布朗运动的成因:液体或气体分子在热运动的刺激作用下连续不规则地轰击悬浮颗粒。微小的"布朗粒子"在大小上介于不可见的小分子和我们在日常生活中所接触的物体之间。它们足够小,小到独立分子间的碰撞都会给它们造成影响,但它们也足够大,用一台精密的显微镜就能观察到它们。通过检测这些粒子的运动,我们就能直接计算出周围分子的热运能。根据基本的力学定律,当很多不规则运动的粒子混在一起时,平均来说,它们必然会拥有相同的动能,所以较轻的粒子肯定会运动较快,而较重的粒子则会运动较慢,这样才能保证它们的质量乘以速度的平方（即动能）能一直保持相等。

　　起初，如果这个能量平衡定律未能实现，则粒子之间的相互碰撞会马上降低移动太快的粒子速度同时使移动太慢的粒子加速，直到总能量平均分配到所有的粒子上。布朗粒子对于我们来说似乎很小，但是相较于单个分子，它的体型却相当巨大，因此它们的运动速度相应地就会慢很多。通过观察这些粒子的运动速度，并使用一个精巧的装置测量它们的质量。法国物理学家让·佩兰计算出，在室温条件下（20℃或68℉），布朗粒子的平均动能为0.000000000000063（即6.3×10^{-14}）尔格。根据平衡定律，在室温条件下，任何物质的分子动能都是这个温度。

　　另外，研究布朗运动也让我们将分子运动速度的增加与温度的升高联系起来。如果我们加热液体，其中悬浮的粒子就会越来越活跃，运动得越来越快，也表明单个分子的动能也会增加。图4，我们展示了布朗粒子（或者说单个分子）的实测能量与液体温度之间的关系。当然，如果是水的话，我们只能在冰点与沸点之间进行测量（见0℃到+100℃之间的连线）。但是，由于位于冰点和沸点之间的所有观测点的结果都在一条直线上，因此对于更高或者更低的温度，我们可以通过将这条曲线向两个方向延伸得到，就如同图4中的虚线部分。

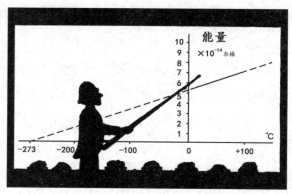

图4 分子热能随温度下降, 并在-273℃时最终消失。

依据推测, 随着温度降低而延伸的观察线会与水平轴相交, 这表示当温度是-273℃(-459℉)时, 能量为零, 也就是说, 在这个温度时, 分子动能就会完全消失, 所以我们也没必要讨论低于这个值的温度了。-273℃代表的是可能的最低温度, 也就是绝对零度, 它也是所谓的绝对温标或开氏温标的基础。

分子速度的测量

由于研究布朗运动可以让我们直接评估出分子热运动的动能, 因此, 我们只需找到一个能直接测量分子速度的办法, 然后利用这两个测量结果就能轻易计算出分子的质量(因为动能=正常质量×速度²)。著名的德国物理学家奥拓·斯特恩经过尝试找到了一个非常好的办法, 这种方法可以直接评估出分子速度。斯特恩清楚地知道我们很难测量到液体或气体中的分子速度, 因为液体或气体中的粒子永远都不会停止相互碰撞, 而且它们的运动毫无规律可寻, 运动速度也是变化多端。例如, 在正常的压力和温度条件下, 空气中的各个分子每秒都会碰撞数十亿次，而且两次碰撞之间的自由程只有0.00001厘米。

因此，斯特恩自己面临的挑战就是需要在一个自由空间中为少数气体分子设立畅通的可测量通道。在短短几个月时间里，他为此设计出一台全新的仪器（图5）。这台仪器的所有组件都被安装在一个长的圆柱形完全真空的容器之中。在这个大型圆柱形容器左端有一个"分子地牢"，这个"地牢"是一个密闭室，里面放着要研究的物质（可通过后背上一个特殊阀门将所研究的物质放进去）。密闭室上缠绕着用来通电的电线，通电后，电线中的电流可提供足够的热量来蒸发密闭室存放的物质。在热运动的作用下，当蒸汽分子在"地牢里"四处乱窜时，其中一些分子就会从"地牢"壁上预留的小洞中喷逃出来。但是，除了那些沿着圆柱容器中心轴移动的粒子外，朝其他方向喷出来的分子束都会被放置在前方的两个小隔板阻断。因此，这样就能形成一个平行的分子束，其中所有分子都以它们的初始热速度朝着相同的方向移动。

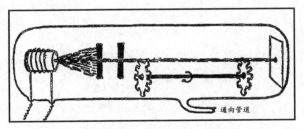

图5　斯特恩用于测量分子速度的仪器图解。

但是，实际上，这个仪器的最终目的是为了找到实际测量构成该分子束粒子速度的方法。为达到这个目的，斯特恩借用了一种方法，就是大城市中经常用来管控长街上通行车辆的办法，在该办法中，所有的交通信号灯都非常同步，只有按照特定速度行驶的车辆才能在十字路口的红灯亮之前通过路口。斯特恩在他的仪器中使用了相同的停止-前进功能，设置如下：

在与分子束路径平行的快速旋转的一个齿轮轴两端安装固定两个钝齿轮，并进行调整，将第一个齿轮的所有齿轮齿与第二个齿轮的齿轮口完全对上，以保证当齿轮轴停止旋转时，不会有任何分子可以通过。但是，当旋转的齿轮达到这样一种旋转速度时，即齿轮旋转一半所需的时间正好等于分子从第一个齿轮到达第二个齿轮所需的时间，那么，速度相同的所有分子都会通过这两个齿轮，并抵达大型圆柱形容器右侧的屏幕上。因此，通过观察让分子束通过两个齿轮所需的转速，斯特恩就能轻易地计算出分子束中的粒子速度。他发现当温度为500℃时，钠原子的运动速度为100,000厘米/秒（2000英里/小时），而在室温下时，氢原子的运动速度为2.8×10^5厘米/秒。

如果我们现在借助佩兰的实验结果，即在室温条件下，所有粒子热运动的动能都是6.3×10^{-14}尔格，那么我们就能轻易地计算出一个氢原子的质量为1.6×10^{-24}克（计算公式：动能=正常质量×速度^2）。现在，利用化学办法评估出原子及分子的相对质量后，我们也可以计算出其他原子及分子的质量。例如，水分子是氢原子质量的18倍，鉴于1立方厘米的水重1克，那么1克水中必然含有3×10^{22}个水分子，所以一个水分子的直径大致等于3×10^{-8}厘米。为了能帮助读者更直观地了解上述计算得出的微小质量和体积，比方来说，那就是一滴水中所含分子数量差不多等于密歇根湖中所含水滴的数量。

统计学及麦克斯韦分布

前文中我们已经提到，大量不规则运动的任何粒子，都会通过相互碰撞，瞬间就能将该体系内的总能量完全平均分配到所有粒子上。说到"均分"这个词，这里指的是统计学意义上的平均，实际上，由于分子间的相互碰撞毫无规律可言，所以任何给定分子都有可能在某一给定瞬间是急速运动的，而在另一瞬间却又是静止不动的。因此，我们根本无法判定某个粒子的动能是在持续无序地增加还是减少，但是可以确定的是，所有粒子的平均值肯定是相等的[1]。

如果我们能在某一瞬间同时测定填充在容器中气体的分子运动速度时，就会发现，尽管大部分粒子的能量非常接近平均值，但还是会有一些粒子的运动速度明显高于或低于均速。

例如，在斯特恩仪器的分子束中，经常会发现一些运动速度高于或低于均速的粒子。实验表明，当齿轮的旋转速度发生变化时，通过齿轮的分子束不会马上消失，而是会非常缓慢地逐渐减少到零。利用这一现象，我们找到了确定分子束不同动能（能量）的分子数的一种方法。后来，英国物理学家克拉克·麦克斯韦纯粹按照统计学方法研究出了一个简单的能量分布公式，即麦克斯韦分布定律。

1.根据目前关于原子结构的认知，原子的具体体积根本无法确定，所以我们给出的分子体积只是一个大约的平均数。——作者注

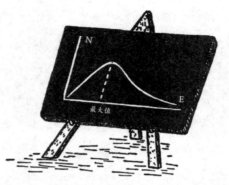

图6 麦克斯韦曲线，显示了在给定温度条件下，携带不同能量的分子数量。N=粒子数量，E=能量。这种分布以图形方式表示，如图6所示，这个图形是非常通用的，它适用于任何大量粒子，从容器中气体分子的形成到我们银河系恒星系统的形成都是同样适用的。我们稍后将会看到，这种分子速度分布在"亚原子能"从高温物质中释放的相关问题中也起着非常重要的作用。

原子真的是基本粒子吗？

自从把原子学说确立为物质科学的研究基础之后，原子就成了不同元素所有特性的载体。为什么氢原子会与氧原子或碳原子结合？而结合后又不会形成含有钠元素或铜元素的任何化合物？这是这些物质所含原子的化学特性造成的。为什么钠盐放入火苗中会出现亮黄色，而铜盐则会发出绿色光芒？这是钠原子和铜原子具有不同的光学性质所造成的。为什么铁非常坚硬，锡却非常柔软，而汞在室温条件下是以液态形式存在的？这是这些金属物质的原子间聚合力不同造成的。

但是，能否解释为什么不同原子具有不同的特性？答案是肯定的，如果我们摈弃"原子是不可分割的"这一陈旧观点，而这一观点直到近代还被科学界推崇。而将原子视为一个复杂的粒子结构体，这一结构体是由其他微小粒子组成的。因此，我们就能将不同元素原子的已知特性与它们的内部结构差异联系起来。但是，如果原子真的是一个复杂系统，那么构成原子的粒子又是什么呢? 是否有可能对原子进行一下"解剖"，将其各个组成部分分解出来并单独对它们进行研究呢? 为了回答这些问题，我们必须首先要关注一下电现象，尤其是基本电离子，即电子。

古阿拉伯电镀技术

电力和电流的首次实际应用可以追溯到遥远的古代。考古学家在伊拉克巴格达附近的Khujut-Rabua发掘时，在可能属于公元前1世纪的文物中发现了一个非常奇怪的容器。这个容器长得有点像黏土制成的花瓶，在它里面固定着一个由纯铜制成的圆筒，容器盖是一个厚厚的沥青盖，盖子中间有一根结实的铁棒从中穿过，但铁棒的下半部分没了，可能是被某些酸给腐蚀了(图7)。

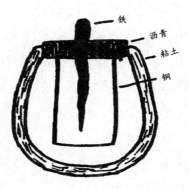

图7 古阿拉伯电池。

这种装配除了能用于产生微弱的电流外几乎没有什么其他用途，

所以在传说中的哈伦·阿拉希德王权统治时期还未出现很久,阿拉伯的银匠很可能就用它来给他们的产品镀金。在丰富多彩的东方集市上,小门市里的工匠就已经在后院用电流给耳环和手镯均匀地镀金或镀银了,但是直到将近2000年之后,意大利人多托雷·伽尔伐尼才发现了电解现象,之后电解现象才被人熟知。

原子的基本电荷

上个世纪著名的英国物理学家迈克尔·法拉第就物质和电的特性总结出一些卓越的理论,其理论基础就是很久以前采用电流转移物质为东方美人佩戴的首饰珠宝镀金所采用的工艺过程。通过研究穿过电解溶液的电量及电极上沉积的物量之间的关系,法拉第发现当获得同样的电量时,不同元素的沉积通常与它们化合物的重量成正比。从原子–分子角度看,这说明不同原子所携带的电荷通常是某一基元电荷的整数倍。例如,一个氢离子(即一个带电原子)携带一个正电荷,一个氧离子携带两个负电荷,而一个铜离子携带两个正电荷。

因此,我们知道除了物质具有原子性,电荷也具有某些原子性。我们可以简单地用穿过一个电极的总电量除以沉积在负电极上的氢原子数量来计算该基本电荷的绝对数量。采用常用单位表示的话,电流的基本电荷就会极其小,比如,目前供给普通台灯的电流中每秒都会携带数十亿这样的基元电荷。

小物体上的电荷原子性

在前文中我们已经知道,通过研究原子和分子在非常小但仍然可见的布朗粒子上的作用,就可以直接观察到物质的原子性以及分子的热运动。类似地，我们是否可以通过显微镜研究那些足够小但足以被非常微弱的电力影响的小颗粒，从而观察到电荷的不连续性呢？答案是肯定的，而且已经观察到了。

1911年秋季的一个大雾天，当芝加哥大学的教授罗伯特·A·密立根，使用由圆筒、管及电线组成的一台复杂显微镜正在专心致志地观察时，发现在显微镜照亮的区域，以两个蜘蛛网的相交点为视野中心，附近的空气中漂浮着一滴小水珠。而这只是显微镜下成千上万相似小水珠中的其中之一，这些水珠是用特殊的喷雾器产生的，如果它们聚集在一起，肉眼来看就像是一小团雾气。突然，静止一段时间的那滴小水珠开始快速向上移动，但是当它马上就要从视野中消失时，密立根博士迅速地转动了一下变阻器把手，使这个水珠再次恢复到静止状态。"258，"他的助手一边低声说，一边将电压计读数记到本子上。"129，"当教授的手再一次动时，这位助理再次说到，"086、064和050……"密立根博士持续观察并不断将这个水珠稳定地保持在原来的位置上，之后他略带疲倦地靠在座椅上。

"不错的逃跑行动，"他说，看了实验记录之后，接着说到，"一次一个电子，我想我们现在已经有足够的数据资料来计算元电荷的准确值。"

到底是怎么回事？为什么这个水珠在显微镜下保持静止不动呢？关键点就在于数次想要逃跑的这滴水珠其实就是一个微小的带电体。实际上，这滴小水珠如此小，以至于连一个元电荷产生的电场都能对它造成影响。而博士不断调整电压让它保持静止状态，这只是用来测量其电荷的一种办法。(图8)

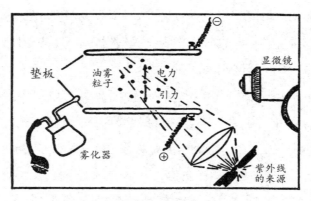

图8 密立根用于测量元电荷的仪器图解。

　　与那天早上芝加哥街头弥漫的雾不同，密立根显微镜下的小雾团其实是一种"油雾"，里面都是用纯矿油喷成的小油珠子。试验时，没有采用普通的水雾，是因为水雾会慢慢蒸发掉，而在试验中无法保持质量不变。油雾形成后，密立根博士的首要任务就是在显微镜下的区域内锁定一个小油珠，并对其充电。虽然，几乎不可能用与羊毛裤摩擦过的橡胶棒给几乎不可见的一个小物体充电，但是一位优秀的物理学家总能克服困难，找到解决困难的办法，而密立根博士就利用光电效应现象成功实现了他的目的。

　　众所周知，不管是什么物体，如果被紫外线照射到（比如，普通电弧射出的大量紫外线），它们就会失去负电荷而带正电。密立根正是利用电弧照射他制成的油雾，而能在油雾液滴中诱导出正电荷，而且正电荷的值随时间而变化。如果在一个电容器的两个平行垫板中间制造这种充电的油雾（下边的电板带正电，而上边的电板带负电），在电场力的作用下，各个小油珠就会向上移动。通过控制两个电板之间的电场，我们可以将这种上行压力与小油珠的重量进行精准的平衡，从而让小油珠像穆罕默德的棺材一样漂浮在空中。每当小油珠中的电荷因紫外线的照射而发生变化时，小油珠就会开始移动，然后为了让小油珠保持静止，就必须再次调整电压。我们知道所使用的电压数及小油珠的质量之后，就可以轻易地计算出小油珠中所携带的电荷。

密立根经过一系列的长期试验，总结出小油珠的电荷数通常是所观察到的某一最小电荷的整数倍。此外，根据对光电现象的评估，证明小油珠携带的最小电荷量恰好等于带电原子或离子的最小电荷。这些试验结果明确地证明了元电荷的广泛性及其对诸如单独原子等较大物质体的重要性。

基本电粒子——电子

到目前为止，我们已经讨论了原子、密立根博士的油珠以及其他较大物质体所携带的定额电荷。但是，电荷是否必须一直要依附于物质体，有没有可能把电荷从它的携带体上分离出来而且在自由空间中对其进行单独研究呢？

我们已经知道凡是经紫外线照射的物体都成为正电带电体。由于光线本身并不携带任何电荷，因此无法向其照射的物体提供正电荷，所以我们只能推断出所观察到的效应实际上是由于被照射物体表面丢失负电荷所致，这类似于热离子的发射现象，而所谓的"热离子发射"就是热体表面释放负电荷的一种现象。另外，由于所有的物体都是由单独原子组成的，那么，很明显，光照或者热效应其实就是提取并扔掉单独原子元电荷的过程，所以我们可以总结出，这些负电粒子与原子部分的耦合相对松散。我们通常把这些自由负电荷称为电子，而发现电子代表着我们朝着理解原子结构迈出了第一步。

电子质量

这些自由电荷是否具有可以称量的质量？或者说，与原子质量相比，它的质量有多大？上个世纪末，英国物理学家约瑟夫·约翰·汤姆森第一次对电子质量或者说电子的电荷质量比进行了测量。如果我们让光电或热电排放效应形成的电子束穿过一个电容器的两个电板时（图9），因为电子会被正电极吸引并且会被负电极排斥，电子束就会朝着正电极向下弯曲倾斜。在电容器的后面放置一个日光灯屏幕，电子束就会投射到这个屏幕上，然后我们就能观察到上述的弯曲现象。电子所受的作用力（电磁力）与其电荷成正比，但是这电磁力产生的效果导致颗粒偏离原始运动方向的偏离程度与运动粒子的质量成反比。所以，那种试验就只能得出电荷与质量的比，即所谓的"电子荷质比"。

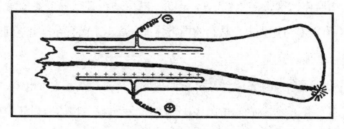

图9 汤姆森用于测量"电子荷质比"的装置。

另外，上述偏离量还取决于电子的移动速度，而且众所周知，如果一个方程式中有两个未知数，则这个方程是无法求解的。然而，为求解这个问题，寻找另一个方程并不困难。例如，我们在电子轨道附近放置一块磁铁，用磁力来代替电场力，电子束还是会偏离，只不过会以另一种方式。结合这两个试验的结果，我们可以分别计算出荷质比以及电子的运动速度。依据得出的荷质比和已知的绝对电荷，我们就能得到电子的质量，结果证明电子的质量实际上非常小，它是氢原子质量的1/1840。

当然，这并不是说一个氢原子里含有1840个电子，因为除了负电荷电子，原子中还有正电部分，而这才是构成原子质量的主要部分。

原子模型

我们当代伟大的物理学家、核物理学之父欧内斯特·卢瑟福（后来是纳尔逊·卢瑟福公爵）对原子内部的正电荷与负电荷分布进行了研究，并在1911年首次对原子深度进行了试验。他的主要问题是，找到一种小到可以侵入微小原子内部的"物体"，如果这种"物体"存在的话，从而确定原子的"软体部分"与"骨架"。

为了理解卢瑟福所采用的办法，我们想象一下，在爆发革命的危急时刻，南美小共和国一个冷酷无情的海关官员，必须要对一大船的棉包进行检查，因为他怀疑棉包中藏有军事违禁品，但他却没有时间来打开所有的棉包——进行检查。经过一番思考之后，这位官员拿出他的左轮手枪，朝着一堆棉包开始不断扫射。"如果除了棉花之外，棉包中没有其他任何东西，"他对旁边惊讶的人群解释到，"那么我的子弹就会径直穿透进入棉包或者留在棉包中，但是如果这些该死的革命者在那些棉包中藏了武器，那么一些子弹势必会出其不意地从其他方向弹跳出来。"

他检查军事违禁品的这个解决方法很简单也很科学，在本质上与卢瑟福想要使用的方法相同（图10），有区别的是，只是对于微小的原子,卢瑟福需要相应地要使用小子弹。卢瑟福用所谓的α粒子[1]轰击了他准备的一堆原子。其实,这堆原子就是一小块普通物质,而α粒子就是一些放射性物体放射出来的极小的带正电的子弹。当α粒子穿透原子体时,受到其自身所携电荷与原子所携电荷形成的电场影响,该粒子相应地就会偏离原来的运动轨迹。所以,通过研究α粒子束穿过一个给定物质做成的薄片后形成的散射,我们就可以得到正在讨论的原子中的电荷分布情况。如果正电荷和负电荷在原子中的分布几乎一致时,则不会出现大规模散射。反之,如果原子中心的电荷强度很大,那么我们可以说,穿过原子中心的这些α粒子就会严重偏离其原来的轨道,这与那个机敏的海关官员利用反弹的子弹检测隐藏在棉包中的金属物体有异曲同工之处。

事实上,卢瑟福的实验结果展示出了非常大的散射角度,这表明每个原子内部正中心的电荷强度很大。而且,散射的特点表明原子中心的电荷很可能是带正电的。该中心区域(即原子的正电荷以及原子大部分的质量集中的区域)至少比整个原子小10000倍,它就是原子核。原子"中心骨架"周围的负电荷,也就是"原子肉",则必然包括在电相互吸引作用下围绕着中心核子旋转的很多电子(图11)。由于电子质量相对较小,所以这个"负电荷原子环境"原则上不会对穿过原子体的重α粒子的运动造成影响,就像一群飞行的蚊子肯定不会对因受到惊吓而在密林中狂奔的大象造成影响。

只有那些直接或几乎直接碰到原子核的α粒子才会大幅度地从它们的原始轨道上大幅度地偏离,在有些情况下,甚至会直接朝后反弹。

1.亚原子反应所涉及的射线分别用希腊字母alpha（α）、beta（β）和gamma（γ）表示,下文中将会介绍。——作者注

图10 用冲击法检测棉包中的违禁品以及检测原子中的原子核。

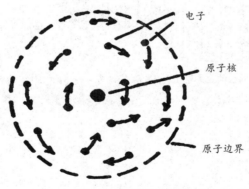

图11 卢瑟福的原子模型。

元素的原子数量及其序列

由于原子在整体上呈现的是电中性,所以围绕着原子核旋转的负

35

电电子数量肯定是由原子本身所携带的基本正电荷数量决定的，反过来，而基本正电荷的数量又可以通过研究原子核反弹出来的α粒子的散射角而直接计算得出。因此，这表明不同元素的原子中围绕原子核旋转的电子数量也是不同的。氢原子有一个电子，氦原子有两个电子，以此类推，直到已知的最重的元素铀，每个铀原子中有92个电子。

上述数值特点一般被认为就是所讨论的元素的原子数量，而且它还与各元素按照各自的化学特点（见图12）在化学元素周期表上的位置相符。此外，我们可以看到任何元素的物理和化学特点都能用一个代表其原子核正电荷或者原子电子常规数量的数字表示出来。

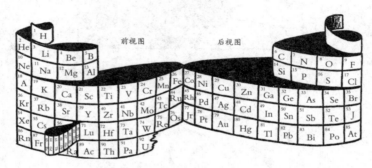

图12　圆柱形环带上的元素周期表，显示了第2、8与18周期。第6周期上的那个环形带显示的是由于原子壳重建而未能正常显示在周期表上的元素（稀土族）。

同位素

但是最近的更多研究，主要是英国物理学家F·W·阿斯顿的研究，显示出尽管所有给定化学元素的原子核电荷都是额定的，但它却会在不同的情况下出现不同的质量。比如，普通的氯其实就是两种不同原子的混合，虽然每个氯原子拥有相同数量的电子，但它们的原子核质量却是不同的。¾的混合物由质量为35（相对于氢来说）的氯原子组成，剩下的¼却由质量为37的氯原子组成，所以，这种混合条件下，原子的平均重量为（35×¾）+（37×¼）=35.5，这与之前化学实验评估得出的氯原子重量（35.46）几乎相等。

化学、物理特性相同的原子，它们具有相同的电子数而不同的原子质量，这些原子就是同位素（也就是说，在元素自然序列中的"排序相同"）。现在，我们有好多有效的办法可以把同位素彼此分开，所以现在我们能得到具有相同化学特性但原子重量却不相同的两个原子，比如氯原子。

阿斯顿等人的研究表明，我们所知道的大部分化学元素都有两个或者更多的同位素。例如，大气中主要包含的是质量为14的氮原子以及质量为16的氧原子，但是这些元素也含有少量的重同位素（0.3%的氮15以及0.03%的氧17）。

近代最有趣的发现之一就是美国化学家H.C.尤里发现了氢原子的重同位素（重氢）。如果用氢原子的重同位素（重水）替代水分子中的普通氢原子，则该水比普通的水重约5%，这对不会游泳的人来说有很大的优势。除此之外，重氢还具有其他有价值的特点，我们之后还会看到，其在核物理领域的应用为原子核结构及人工元素转化过程提供了重要信息。

原子层结构

俄国化学家德米特里·门捷列夫首次指出，按照原子重量由低至高排序的那些化学元素序列，它们所有的物理和化学特性都会有规律地周期重复。这一点我们可以从图12中轻易地看出，我们会发现在这个环形带上, 所有特性相似的化学元素都在一列上。[1]

第一周期里只有氢和氦两种元素; 第二和第三周期里都分别有8种元素; 最后每隔18种元素, 特性就会重复一次。如果我们还记得这些元素的水平排序与它们依次递增一个电子数量的规律相符, 那么我们会认为上述周期性肯定是由于再次形成某些原子电子的稳定结构而产生的, 这种稳定结果或者也可以说"电子壳"。第一个稳定的电子壳必然只有两个电子, 接下来的两个电子壳每个分别含有8个电子, 之后所有的电子壳分别都含有18个电子[2]。

在图13中, 我们给出了3个不同原子的原理图, 其中一个是完整的, 另外两个是不完整的。

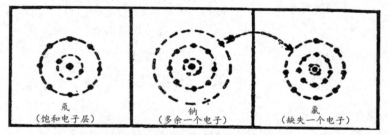

图13 不同原子内的壳结构。

化学键联

我们现在可以回答不同元素的单独原子是如何形成复杂的分子了。例如, 我们可以从图13中看到, 氯原子的外壳还缺一个电子才能组成完整的外层结构, 而钠原子在形成完整的壳后还多余一个电子。所

1.请记住, 这是一个柱形环形带, 例如, 氩的排序位于氢和锂之间, 那么在"背面"图中, 那些位于氦元素正下方的元素肯定在最右端。——作者注
2.请注意, 由于一些之前已经完整的内部电子壳开始内部重建, 所以接近排序结尾的时候, 元素特性的周期性就不像刚开始的时候那么规律了。——作者注

以, 我们应该可以想象, 当这两种元素的原子相遇时, 钠原子多出来的那个电子就会跑到氯原子那里来帮助氯原子形成完整的壳结构。这种电子交换的结果是, 钠原子就成了带正电的原子 (因为损失了一个负电荷), 而氯原子就成为带负电的原子。于是在电吸引力的作用下, 两个原子就会黏结到一起形成一个氯化钠分子, 也就是我们餐桌上的普通食用盐。

同理, 缺失两个电子的氧原子, 为了完整自己的壳结构, 会从两个氢原子中各 "抢夺" 一个电子, 然后形成水分子 (H_2O)。另一方面, 那么, 氧原子和氯原子 ("缺电子") 将无法结合在一起, 而氢原子和钠原子 ("想把多余的电子舍弃掉") 也将无法结合在一起。对于有着完整外壳的那些原子 (比如氦和氖), 它们既不会给予电子, 也不会索取电子, 因此这些元素就成了化学上的惰性元素。

根据这些化学反应的图表, 我们认为在分子形成过程中释放的能量肯定来源于参与反应的两个或多个原子之间的不同的电子键联。一个原子中的电子与原子核之间的势能大约是 10^{-12} 尔格, 所以各种化学反应中每个原子释放的能量也应该差不多是 10^{-12} 尔格这个量级。

经典理论在原子上失效!

我们现在已经到了原子理论学说发展的关键点, 读者可能已经注意到, 卢瑟福的原子模型 (图11) 中有一个小而重的中心原子核, 同时受到相互电吸引力的作用, 有很多电子围绕着这个核子旋转, 这与重力作用下围绕着太阳旋转的行星系统很像。同样类似的还有, 不管是电吸引力还是重力, 都与距离的平方成反比, 所以在两个系统中必然会形成相同的椭圆轨道。

然而，我们在做对比时，不能忽视它们之间存在一个重要的区别，那就是在原子中围绕着原子核旋转的电子都携带着相对较大的电荷，因此这些电子一定都会释放电磁波，非常像广播站的天线。但是，由于这些"原子天线"非常小，所以原子释放的电磁波比常规广播站释放的电磁波要短数十亿倍。我们眼睛视网膜接收到这些非常短的电磁波就是光现象，所以当任意给定物体的原子释放电磁波时，这个物体看起来就会发光。因此，我们可以总结认为卢瑟福模型中围绕原子核旋转的电子肯定会释放光波，并且会因为释放光波而逐渐损失动能。如果这个结论是正确的话，那么我们可以轻易地计算出，所有的原子电子都会在极短的时间内彻底释放它们的动能，然后落到原子核的表面上。

可是大量的实验证据表明，这种塌落情况并没有发生，而且原子电子会一直保持在相当大的距离永远围绕着原子核旋转。除了违背原子本身自然基本属性的这一现象之外，似乎很多实验证据与理论预期之间也存在着大量其他重要的差异。例如，通过试验，我们看到原子释放的光是由确切波长的光波组成的（线光谱），然而卢瑟福模型中的电子运动却会释放包含一切可能波长的光波的连续光谱。

实际上，在原子内部，依照经典理论得出的所有预测都未能得到验证。

量子定律

当年轻的物理学家尼尔斯·波尔从绿意盎然的哥本哈根出发，去找卢瑟福一起研究原子结构时，这些矛盾就一直困扰着他。他内心非常清楚，这个问题太严重了，所以无法靠理论的细微修整就能解决这些问题。所有的证据都显示，原子的内部结构太复杂了，所以那些光辉的经典理论注定会触礁搁浅。

如果经典力学方法无法解释原子内部发生的运动，那肯定不是原子的错，而是经典力学存在缺陷。毕竟，除了这些经典理论，就再也找不到其他的罪魁祸首了。伽利略和牛顿等人为了解决恒星等大型物体问题而建立了经典力学体系，人们为什么期望这一体系对微小的原子力学中"不断移动的部分"同样适用呢？所以，玻尔决定挑战一下经典力学体系，几个世纪以来，这一体系都曾被人们推崇为绝对通用的经典理论，希望重新创立一个更广泛的新运动理论，将经典力学只作为一个特定情况纳入到他的新理论之中。

在1900年，德国物理学家马克斯·普朗克提出了革命性的假设，认为光的释放和吸收只能通过某种离散份额或量子态来实现。玻尔同样认为任何粒子运动系统中的机械能都可以被"量化"，也就是说，机械能可能在其中的一组离散值之中。这个能量间断性概念（当然，明显超出经典理论范围）从某种意义上可以被认为是能量原子性的一种表述——当然，除了在这种情况下不存在通常意义上的基本部分（比如电流中的电子情况），即其他特定情况下的能量量子的大小是在不同的附加条件下定义的。所以，在辐射的情况下，各个单独光量子的能量与光波的波长成反比，然而在移动的粒子体系下，机械能的可量子化程度则会随着系统维度的减少而增加，也会随着粒子质量的减少而增加。

现在，我们知道在辐射情况下，尽管能量份额数或者说量子态对无线电光波中的长波来说无关紧要，甚至可以忽略不计，但对于原子释放出的极短的光波来说，它们却有着非常重要的意义。同理，机械能的量子态仅对诸如围绕着原子核旋转的电子系统那样的小尺寸系统非常重要。而且，在日常生活中，我们轻易地就会忽略能量的原子性，就像我们会忽略物质的原子性一样，但是在原子的微观世界中，情况就会截然不同。卢瑟福模型中的电子没有塌落到原子核上就是因为这些电子拥有最低的能量，也是粒子在这种情况下应当拥有的能量。因为它们拥有最低的能量，从原则上来说，这一能量无法再继续减少，所以我们可以将它们的运动称之为"零点运动"，也就是经典物理中的"全休"（complete rest）。

如果我们给原子补充一些能量，那么第一个量子能量就会彻底改变原子的运动状态，并将其电子带到所谓的"第一激发量子态"。为了回归到正常状态，我们的原子就必须以单个光量子的形式释放之前获得的能量，而光量子又决定了辐射光的波长。

新力学

尽管玻尔的原子理论对我们理解亚原子现象有很大帮助，但显然这还不足以构成亚原子运动的最终一致理论。令人吃惊的是，在1926年，量子理论又有了新进展，奥地利物理学家欧文·薛定谔和德国物理学家维尔纳·海森堡同时各自提出了新理论，即现在所谓的"新力学体系"。

薛定谔理论受到了法国著名的路易·德布罗意独创性观点的启发，并据此得出：物质体的运动都是在一些特殊物质"导波"的引导下进行的，"导波"赋予任何这样的运动一定的性质，而这些性质只是波动现象的特征之一。而海森堡的新力学理论貌似依据的是一个完全不同的观点，他认为运动粒子的位置和速度不能用普通的数值来表示，只能用不可互换矩阵来表示，这种矩阵在纯数学领域已经存在了一个多世纪之久。虽然表面上看，这两个理论有巨大的差异，但是马上人们就会发现这两个理论的数学意义是相同的，只是同一个物理本质的两种不同解释方式而已。

　　不久之后，这一事实就被海森堡，尤其是玻尔，针对经典测量理论的深刻批判一针见血地揭露了。据显示，量子现象的存在使得物理世界的描述有必要引入特定的不确定性原理，这与经典理论中严格的因果关系及确定性是相反的。根据这个不确定性原理，经典力学大部分的基本概念——如轨道概念等——在这个新的力学体系中就会被完全否定，而围绕着原子核旋转的电子将被一个连续的"展开"图替代，因而不再具有确定的轨道，如图14[1]。

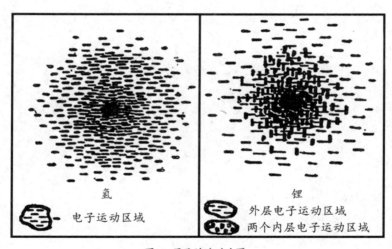

图14 原子的波动力图。

　　因为本书中并未涉及关于新力学的更多详细讨论，然而，这也超出了本书的范围，所以对现代物理学中的不确定性感兴趣的读者，我们

1.这就是无法准确确定原子或分子几何尺寸的原因。——作者注

建议他们去查询与该课题相关的专门书籍[1]。

原子核问题

我们从本章中了解到，2000多年前，原子就被人们作为可能存在的构成物质的最小不可再分的单位而引入科学领域。从物理学的角度来讲，它其实是现代物理学中一个相当复杂的力学系统。德谟克利特提出的永久不可分割的单位概念，现在这些属性已经贯穿到了原子的内部，并归属于原子核，而在卢瑟福的模型中，原子核应当是一个静止不动的中心，同时周围还围绕着不断旋转的电子。

但是，我们在下章中介绍的放射现象表明，这个看起来毫无生气的"原子骨架"却有着非常明确的内部结构，同时这个结构甚至比原子本身的结构还要复杂。

1.例如，作者编著的《物理世界奇遇记》（纽约，麦克米伦，1940）就有关于物理不确定性及新力学的流行讨论。但是，需要指出的是，读者没有必要专门去了解量子力学方面的知识来帮助理解本书的其余部分）。——作者注

第三章 元素转化

放射现象的发现

虽然放射现象的发现几乎纯属偶然，但即使不是被贝克勒尔教授偶然发现，那么从缓慢衰变的原子核内部泄露的能量也肯定会以其他类似的方式被人发现。亨利·贝克勒尔是巴黎大学的一名物理教授，他对荧光现象表现出了极大的兴趣，即这一现象是：当一些物质受到光照后会吸收积累光照中的能量，并且当光源移走后该物质还会继续发亮一段时间。1896年，有一次贝克勒尔为了研究铀硫酸氢盐的磷光现象，制备了一些铀硫酸氢盐制剂。但由于对其他方向产生了兴趣，他就把这些制剂扔进了工作台的一个抽屉中。

现在，巧合的是，这个抽屉里正好有一个盒子里装着一些未曝光的胶片，而那瓶铀硫酸盐制剂也正好就放在这个盒子的上方，放在那里几周也没有受到任何干扰。之后，贝克勒尔可能是要照相（全家福还是我们所未知的其他复杂的吸收光谱），于是最终打开了这个抽屉，把那个瓶子推到一边，取出装着胶片的盒子。但是，当他洗相片时，就发现那些胶片已经被严重损坏了，好像这些胶片曾被曝过光似的。对此，他感到非常诧异，因为这些胶片拿出来之前还是被厚厚的黑纸密封着的，包装从未打开过。所以，抽屉里唯一的"疑凶"就是长时间放在胶片旁边的那瓶铀硫酸盐制剂，它与胶片的距离最近。

贝克勒尔转动了一下手里的细颈瓶思考着，是不是里边装着的这些可疑物质无需任何事先的诱导就会自发释放出一些不可见的强辐射，所以能轻而易举地穿透盒子和包裹胶片的黑纸而对感光乳剂造成影响？为了回答这一问题，他拿了一些新胶片重复地进行试验。但是这次，他故意把其中一个抽屉的铁钥匙放在了胶片和可疑的神秘辐射来源之间。

几天之后，当贝克勒尔在暗房里的红灯下查看胶片时，他可能颤抖着双手，激动地发现在胶片变暗的背景上缓缓地显现出了一个钥匙轮廓。是的，这就是一种新型的铀原子放射，这种放射可以轻而易举地穿透在普通光照下看起来不透明的物质，但却还无法穿透像铁钥匙那么厚的东西。

接下来的研究显示，当时发现的同类型的自发辐射唯一的其他元素就只有钍了——元素周期表中排在铀之后最重的元素。但是不久法国科学家居里夫妇就通过实验研究发现了一种全新的放射性元素。经过两年的艰苦努力，居里夫人最终成功地从一些铀矿（波西米亚的沥青铀矿）中提取了两种新元素，其放射能力远大于已知的铀和钍，为了纪念居里夫人的祖国，它们分别被命名为镭和钋。之后，居里夫人的一个搭档又发现了另一种放射性元素——锕。另外，实验室研究表明，镭制剂能产生强烈的气态活动物质，即镭射气或氡射气。

随着新放射性元素数目的逐渐增多，很快就填满了周期表的最后一行的空白部分。同时，这些放射性元素都按照自然元素的排列顺序集中排在周期表的最后，这有力地表明它们的特殊活性肯定与它们不断增加的复杂性存在某种关联。

重原子的衰变

1903年，我们之前在讨论原子核模型时提到的英国物理学家欧内斯特·卢瑟福提出了一项假设。这个假设的内容是：重元素的原子具有不稳定性，所以会随着组成部分的散发而缓慢衰变。的确，他证明放射性物质散发的所谓的"α射线"实际上是快速移动的氦元素的正电原子束。（我们应该还记得，卢瑟福轰击原子时使用的就是这些α粒子）。α粒子在通过某一物质时，会与其中的原子碰撞，从而损失掉其原有的高能量而放慢速度，通过捕获两个自由电子形成普通的氦原子。实际上，氦总是可以在陈旧的镭中被检测到。由于α粒子明显是从放射性元素的原子核内部喷射出来的，所以我们就可以推断出这种原子核是不稳定的。损失掉一个或更多α粒子之后（如：每个粒子有四个质量单位以及两个电荷），该放射性原子的原子核就会转化成元素周期表上相对靠前的较轻元素的原子核。

例如，元素镭[1]（Z=88、A=226）的α粒子辐射会形成氡射气（Z=86、A=222）。而当α粒子从钋原子核（Z=84, A=210）中逃出来后，该钋原子就会变成为铅原子（Z=82、A=206）。这两种分解反应的公式可参见图15。

在铅元素中，连续的α转化就会停止，因为铅已经属于原子核稳定的边缘元素之一，所以从铅开始，之后的元素都不可能发生衰变。

1.Z=元素在周期表上的排序位置（见图12）；A=元素相对于氢元素（=1）的原子重量。——作者注

$$\text{Ra} = \text{Rn} + \text{He} + 能量$$

$$\text{Po} = \text{Pb} + \text{He} + 能量$$

图15 不稳定原子核的自发衰变:（1）镭分解成氡和氦;
（2）钋分解成铅和氦。

　　但是,不稳定重元素的裂变会随时因为原子核内部衰变释放负电荷电子而停止。原子核释放电子的这种现象叫作β射线喷射,β射线不会改变其原有的实际质量(由于无关紧要的电子质量几乎可以忽略不计),但却会增加原子序数,从而使相应的元素在元素周期表[1]上的位置向前推进一步。但这种前移只是短暂性的,马上就会被后续的α辐射所补偿。所以那些不稳定的元素,虽然有时候会倒退两步,有时又会向前一步,缓慢地从不稳定区域撤退,但最终都会转化成稳定的铅元素。

　　这种连续的核变化引起的结果被称为"放射族",所以我们就有

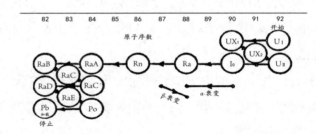

图16 铀族衰变。箭头表示的是由于α转化和β转化而引起的在周期表上的连续位置变化。圈起来的字母代表的是不同放射性元素的化学符号,如U表示铀; Io表示镤; Ra表示镭; Rn表示氡; Po表示钋。

1.损失一个负电荷就相当于增加了原子核的正电荷。——作者注

了含有镭元素的铀族(图16)、钍族和锕族元素。

最终，α粒子和β射线辐射过程都伴随着原子核内部诱发的强烈衰变过程，并进而形成了与普通X射线相似的极短波电磁辐射释放，即通常所知的"γ射线"。在很多情况下，这种高渗透性辐射(与α放射和β放射不同的是，γ射线不含有物质 粒子)正是使放射性物质具有成像等效应的原因。

能量释放及衰变周期

当我们看到卢瑟福使用α粒子进行轰击的时候，就应当能联想到原子核自发衰变过程中释放的动能应该会非常高。例如，镭原子核释放α粒子的速度能达到1，500，000，000厘米/秒(9000英里/秒)，超出室温下热运动速度的几千倍。而且，尽管它们的质量很小，但每个粒子就拥有0.000007尔格的能量。所以，实际上，α粒子中的能量强度(每单位质量中的能量)相应地就是现代炮弹弹壳中能量的十亿倍。

如果1克镭中所含的原子几乎同时释放它们的α粒子，则在一个小时内，它们就能释放出2×10^{16}尔格的巨大能量。所以，几磅镭中所蕴含的亚原子能量就足够驱动一艘横渡大西洋的客轮往返欧洲一趟，也足够一辆汽车连续跑上几百年。但是，隐藏在镭原子内部的亚原子能量不会集中一次性爆发，而是会缓慢地渗漏出来。实际上，给定数量的镭原子需要1600年才能裂变一半，而剩下的一半仍需要1600年才能继续裂变一半。放射性衰变的这一缓慢性使每单位时间内释放的能量值相对非常低，所以如果想要用1克镭(价格是40，000美元)渗漏的能量烧热一杯茶水的话，我们应该就不得不等上几周的时间了。

铀和钍的衰变周期分别是45亿年和160亿年，所以它们的能量释放率相应地就会更低。但是，也有寿命很短的元素，比如氡（寿命周期仅仅3.8天）或RaC′会在0.00001秒内完成衰变），但是，正是由于这些元素衰变得非常快，它们在放射性矿物中的含量非常微小，所以甚至用普通的化学方法都很难能够检测到。

我们会在以后的篇章中（第12章）了解到，我们目前已知的所有放射性元素其实在宇宙发展的初期阶段就已经存在了，从这个意义上讲，它们代表着"最早的创作文献"。目前可以找到的能够在寿命上（约20亿年）与宇宙比拟的也只有铀和钍这样的放射性元素以及它们不同的衰变产物了（它们相应的族成员）。如果在元素刚形成时，就有了具有重原子序数的不稳定元素，那么经过数十亿年的时光流逝，这些不稳定元素肯定早已彻底衰变，在我们的地球上已无迹可寻了。

放射性α衰变的"渗漏"理论

如果放射性元素的原子核不稳定，会随着它们构成部分的散发而发生衰变，那么有什么办法能立即阻止它们衰变呢？为什么铀和钍能够数十亿年时间仍能保持它们的α粒子，而其他的原子核则会在远不到一秒的时间内释放掉它们的α粒子呢？长久以来，作为放射性理论谜团的核心问题，当本书作者在1928年夏天访问哥根廷大学时，脑海里突然就闪现出了这些问题。哥根廷是一个沉闷的小镇，镇子里唯一可以取乐的地方就是两座破旧的电影院。所以作者的第一次出国旅行，除了做些研究，根本没有其他更好的选择。

显然，从经典物理学角度来看，他认为α粒子完全不可能穿透原子核周围的"高势能墙"而从地牢中逃出来。因为，根据当时刚刚公布的卢瑟福的试验，放射性原子核周围的"墙壁"上所有拥有的能量远高于α粒子所拥有的能量。但是，尽管在经典理论的框架中，放射性衰变似乎完全不可能发生，但是新量子力学的产生为解释这一过程提供了可能。按照这个思路，作者马上就能证明了放射性元素的衰变就是一个纯粹的量子力学过程，如同迷信故事中魂魄能够穿越古城堡的厚厚墙壁一样，α粒子在这个过程"渗透"过了原子核的势能墙。经证实，"透明"原子核墙的量子力学公式与所观察到的粒子发射能量与相应的衰变周期之间的关系完全吻合，说明所做的解释毫无疑问是正确的。

当作者在古老的德国小镇里提出这一α衰变理论时，几乎与此同时，大西洋对岸的R·W·格尼和E·U·康登这两位物理学家也讨论出了一个类似的放射性现象解释。

随后的几年内，结果证明关于原子核势能墙的量子学说非常有意义，不仅能帮助解释α衰变的自发过程，而且还能广泛应用到使用核轰击引起的人为的元素转变问题上。另外，还能帮助介绍热核反应，而我们之后会看到，热核反应正是恒星能量的主要来源。

原子核电调整引发的β衰变过程

上文中，我们已经提到任何放射族都会因为原子核释放自由的负电荷或电子而随时停止连续的α释放过程。所以，我们很自然地就会认为电子以及α粒子都是原子核的重要组成部分。然而，最近对这一问题的仔细研究，物理学家们得出的结论是：原子核内部实际上并没有电子。因为狭小的原子核内部根本挤不下这么多体积较大的电子。

乍一看，这似乎是一个矛盾的结论，从目前的观点来看，却是正确的。依据这一观点，放射性物质释放的电子是其被释放之前刚刚用原子核携带的"不成形"电荷"创造"出来的。确实，如果没有足够的技术细节，我们就很难能够说清楚这个观点，但是我们可以认为这个观点是正确的，即在原子核释放电子之前，原子核内部是没有电子存在的，就像肥皂泡是从管子里冒出来的，但其实管子里根本没有肥皂泡。

一旦α释放扰乱了电荷与衰变中的原子核质量之间的微妙平衡关系，原子核马上就会进行电调整，把多余的电荷以自由电粒子的形式释放掉。我们可以举个例子，看看钍放射族成员之一——化学符号ThC——释放非常有能量的α粒子时会发生什么情况。ThC原子核在释放α粒子之后会成为ThC″原子核，原子重量为208，而且携带81个基本单位的正电。但是，如果我们仔细看一下稳定元素表，就会发现质量为208的稳定原子核的电荷数是82个单位，是铅的一个同位素。所以为了变得稳定，ThC的衰变产物必须放射一个自由负电荷（一个β粒子），然后将会转变成普通的铅，并因此以铅的形式永久存在。

随后我们会看到在所谓的"人工核转变"过程中形成的原子核有时可能会以相反的方式重新获得电平衡，即通过释放一个自由正电荷而保持稳定。例如，人工形成的原子重量为13（轻同位素）的氮原子核会通过这种释放把它们自己变成稳定的碳原子核（重同位素，原子重量还是13）。按照P·A·M·迪拉克理论推测，这些未知的正电荷电子理论上是存在的，这为我们打开了新纪元，可以帮助我们理解β衰变的特点，但在本书中我们不会讨论这些细节。

重谈炼金术

到目前为止，放射性元素衰变的发现表明：中世纪的炼金师们梦想着依靠人力把一种元素转变成另一种元素并非是异想天开的。如果靠近自然序列上端的那些不稳定元素能够彼此相互转化，我们就有足够的理由相信那些正常来说稳定的较轻元素在足够强大的外部影响下或许也能人为地触发这种转化。

虽然炼金师们的尝试一败涂地，但是当时他们能借用的外力也只有那些普通的化学反应和热反应，而原子核内部的结合能是普通化学结合能的上百万倍。炼金师们对原子做出的敲击就像是用中世纪的石弩轰击马其诺防线或齐格菲防线上的现代防御工事。

为了击垮原子核大本营的铜墙铁壁，人们使用的炮弹所携带的能量必须能与原子核自己射出的粒子所携带的能量相比拟。既然我们知道各种放射性元素可释放高能α粒子，如此我们也许能将这些核电池的枪口对准那些较轻的稳定原子核，并且希望或许直接射出的一些α粒子能穿透壁垒，并会对原子核内部造成预期破坏。

依据这一想法，那位一心想要对原子核内情况进行无休止探索的欧内斯特·卢瑟福，1919年在一个充气腔内成功用放射体放射出的快速移动的α粒子束击破了悄悄移动的氮原子。

核轰击影像

卢瑟福发现核轰击后不久，他的学生帕特里克·布莱克特就拍下了核轰击场面的航空照片，我们确实可以从这些照片中看到核轰击过程及其破坏性。有人可能会认为核炮弹太小了，而且又移动得太快，不可能被直接拍摄到。但是在某种特定意义上，却并非如此。事实上与军工大炮发射的炮弹相比，这些破坏性极强的微小子弹的运动轨道很容易就能拍摄到。

拍摄这种照片时通常使用的仪器就是我们所知道的"云室"，即

"威尔逊云室"。该仪器的工作原理是，快速移动的带电粒子，如α粒子，在穿过空气或其他气体时，会破坏位于它们运动轨道上的原子。由于这些子弹具有强烈的电场，它们会从恰好挡道的气体原子上扯下一个或多个电子，并留下大量的电离原子。然而，这种情况并不会持续太久，因为在子弹通过后不久，电离原子就会重新找回它们的电子，回到正常状态。但是，如果电离发生在充满水汽的空气中，各个离子上就会形成小水珠（因为水蒸气具有亲和离子以及灰尘颗粒等的特性），这样就会在子弹运动轨道上形成一条薄薄的雾带。换句话说，任何带电粒子穿过气体时就会像拉烟飞机一样留下明显的轨迹。

从技术角度看，云室其实是一个非常简单的仪器装置（见图17），它就是有着玻璃盖（B）的一个圆柱形金属汽缸（A），汽缸里有一个可以上下活动的活塞（C），图片中没有显示。用含有相当多水蒸气的普通空气（或其他气体）填满玻璃盖与活塞表面之间的空间。当原子子弹从窗户（E）[1]进入到云室中，然后让活塞突然下降，活塞上方的气体就会冷却，而其中的水蒸气也会开始顺着子弹的运动轨迹凝结形成薄薄的雾带。在从另一个窗户射入的强光照射下，在活塞的黑色反衬面上会清晰地显示出这些雾带，之后就可以用活塞自动控制的相机（F）将这些影像拍摄下来。这个简单的装置是现代物理学使用的最有价值的仪器之一，能够帮助我们取得核轰击场面的美丽影像。

1.这个窗户上面通常会附上一层薄薄的云母，可以让快速移动的原子子弹不费吹灰之力就能轻易侵入。——作者注

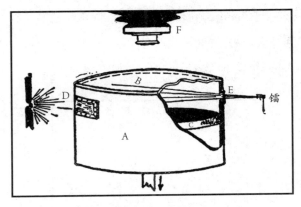

图17 威尔逊云室示例图。

击破氮原子

为了对氮原子的轰击开展研究，布莱克特只需用空气来填充他的云室，因为空气中就已经含有大量的氮。当然，由于从侧窗处很难用α粒子直接瞄准氮原子的原子核，所以，我们只能简单地指望，在核反应堆爆发足够猛烈的零星大火的情况下，以期偶尔能够直接击中。

刚开始拍摄的照片中没有捕获到直接轰击，所有的α粒子的轨迹都径直穿过了云室。但是进行充分大量的拍摄之后，事实上是拍了23,000张照片之后，布莱克特最终成功找到了8例α粒子与氮原子的原子核直接碰撞的情形。根据观察，粉碎性轰击的几率极其小，这说明至少在现阶段，核转化过程没有大批量地产生新元素或者形成大规模的亚原子能的任何实际可能性。

利用2号感光板再次重现了布莱克特拍摄的一幅裂变影像，请参考图18了解碰撞时到底发生了什么。该图片显示一个α粒子正在快速地靠近一个氮原子，并最终与该原子的原子核发生了正面碰撞。从中，我们还可以看到这个冲击的结果：一个质子（例如，一个氢核）从原子核内部向左喷射了出去，同时该氮原子的原子核本身从碰撞发生点以一定的角度向右射出[1]。但是α粒子自身的轨迹已经消失不见了，所以据此

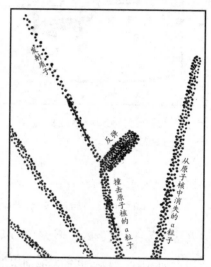

图18　对照片上显示的布莱克特拍摄的核变化（右）的
分析。图中各点代表的是雾珠。

我们可以推断出，α粒子肯定在冲击的瞬间就黏到原子核上了。

因此，我们观察到冲击后形成的原子核已经不再是原来的氮核了，而是某种其他完全不同的物质，氮核得到一个α粒子（氦原子核），然后失去一个质子（氢原子核）。这个过程导致氮原子核增加了一个单

1.这里必须解释下，云室影像不仅显示了入侵粒子的轨迹，而且还能帮助我们确定它们的属性。一个移动的粒子能产生多少离子取决于它的电荷，而且电荷越多，则云室中形成的雾带就会越厚。从影像及图18中，我们看到冲击造成的分叉的左支要比入射α粒子的轨迹稍微淡薄一些，这说明形成之前轨迹的粒子电荷要比α粒子的电荷小一些，所以这个粒子肯定就是个质子。与此相对的是，分叉的右支相当浓厚，说明是一个电荷很高的原子核。——作者注

位电荷（+2–1）和三个单位质量（+4–1），所以，我们现在得到的是原子序数为8、原子量为17的一个氧原子原子核，而不是原子序数为7、原子量为14的氮原子核。因此，用α粒子轰击氮原子会让氮原子转变成氧原子，至此古代炼金师关于元素转化的梦想终于实现了。

　　核转化过程可以采用一种类似于原子间普通化学反应的表示方式来正式表示出来，请见图19，其中主要的区别就是我们现在所说的

$$N^{14} + He^4 \longrightarrow O^{17} + H^1$$

图19　氮核与氦核相撞产生氧核和氢核，数字上标代表原子量。

过程发生在原子核内部，所以不是只关系到它们在分子中的位置。

　　另外，我们还需要注意的是，上述介绍的核反应过程中形成的氧原子，因为其原子量是17，而不是16，所以它代表了氧原子的重同位素。我们已经在第二章说过大气中的氧原子实际上包含两种同位素：一种是含量非常丰富的O^{16}，另一种是非常稀有的O^{17}，而后者在大气中所占的比例都不到0.03%。

　　卢瑟福及他所在学校进行的进一步试验表明，很多其他轻元素被快速移动的α粒子轰击时，会与氮原子一样发生类似的核转变。所以，硼（Z=5）会被转变成碳（Z=6），钠（Z=11）会转变成镁（Z=12），而铝（Z=13）会变成硅（Z=14）。但是，不管在什么情况下，这些转化速度都非常慢，而且随着被轰击元素原子重量的不断增加，转化速度会迅速减慢，所以元素周期表上排在氩之后的元素发生的裂变，我们根本观察不到。

质子轰击

在人为转变元素的所有经典试验中，基本上只要涉及轰击都会使用α粒子，因为放射性元素原子核自发释放的重型弹只有α粒子。但是，本书作者提出的核转变理论的演化却显示，如果可以用快速移动的质子代替α粒子，则有望取得更好的轰击效果。由于质子的电负荷较小，所以在接近重电荷原子核时所受的排斥力相应也会变小。另外使用新粒子轰击原子核，也有可能引起与以往研究完全不同的其他原子核反应。

但是，由于普通的放射性元素不会自发释放质子，所以当务之急就是需要通过在高强度电场中加速氢原子（或氢离子）来人为地获得高能质子束。卢瑟福年轻的天才学生J·科克罗夫特在剑桥大学实验室率先成功地进行了这方面的试验。科克罗夫特使用一个500, 000伏特的高压变压器成功制成了一束以10,000km/秒的速度平行运动的质子束。尽管这些人为加速的粒子所拥有的动能远远不及卢瑟福使用α－粒子的动能，但试验表明它们也取得相当高效的原子核轰击效果。当科克罗夫特把质子束对准用一层锂覆盖着的目标时，他发现被质子入射击中的那些锂核会分裂成两个相等的部分（见照片 III_A）。

这种情况下发生的核反应等式见图20，其中明确地显示上述撞击将相撞的氢核和镭核完全转变成了纯氦核。根据其他质子轰击反应，我们可以看到氮转变成了碳[1]：$_7N^{14} + _1H^1 \rightarrow _6C^{11} + _2He^4$，其中极其有趣的就是硼了（照片 IIIB），受到质子轰击后，分裂成3个α粒子：$_5B^{11} +$

1.公式中左下角的数字表示该元素的原子序数（Z），右上角的数字表示该元素的原子量（A）。请注意，各"等式"两边的原子序数及原子量都是相同的。该公式中获得的是碳的轻同位素，因为普通的碳应该是$_6C^{12}$。

图20 锂核与氢核相撞形成两个氦核（或α粒子）。

$_1H^1 \rightarrow _2He^4 + _2He^4 + _2He^4$。

至于质子引发裂变的可能性，应该可以这么说，虽然一般情况下裂变的速度要比α粒子轰击（与理论推测的结果一致）高得多，但还是会遵循相同的一般定律，即随着被轰击元素重量的不断增加而快速地降低，并随着入射质子的能量的降低而迅速降低。但是，对轻元素核变化的一些轨迹开展的研究显示，入射质子的能量竟然只有10^{-8}尔格这么低。

科克罗夫特认为制造快速移动的人造质子束的创举促进了高压技术在核问题领域中的快速应用。截至目前，全世界很多物理实验室都配备有各种各样类似的巨大仪器，只是名称有些古怪，比如电压倍增器（科克罗夫特使用的那种）、静电发生器以及粒子回旋加速器。

静电"核粒子加速器"

"喂，拉里，"莫尔·图夫博士头贴在一个巨型钢球的小开口上冲拉里喊，"有你的电话。"他把头伸进一个60英尺高的巨大钢球的狭窄开口里，这个钢球竖立在华盛顿卡内基学院的场地上。

借着球顶上昏暗的灯光，悬吊在空中的拉里·哈弗斯塔博士正用一个普通的家用吸尘器小心翼翼地清理这个矗立在华盛顿卡内基学院里的高60英尺的钢球表面。他必须把这个钢球表面清理得一尘不染，并打磨光滑，因为任何污渍或不规则都会产生不必要的放电。正因为如此,平常好心肠的范德格拉夫博士不得不在新贝德福德附近一个废弃的飞艇机库里建造了这样一个巨型发电机(照片 Ⅳ),虽然他把住在飞艇机库房顶上的几只鸽子击落了,但却没有充分仔细地清理球体表面。

当哈弗斯塔博士打电话时,让我们再仔细检查一下这一巨型原子加速器。读者可能会想起来,在高中的物理课上老师讲过,电荷总是倾向于只会在带电导体的表面分布。为了展示电的这一特点,老师通常在课堂上会用一根玻璃棒把一个小型球形导电体放到一个较大的中空球体的内部结构中,让小球与大球的内面接触(见图21)。在这种情况下,小导体上的电荷就会完全传导到较大球体的外侧表面上。通过多次反复操作,让较大的球体获得任意确定的相当高的电势能后,这个球体就

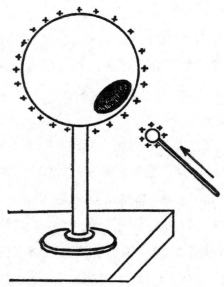

图21 静电原子加速器原理。如果把一个小的球形带电导体通过一个小洞放到一个较大的导体中,则前者就会将其电荷传导给后者。

会朝着最近的电导体释放出长火花。

大体上看，现代的静电发生器与这个简单装置只是在尺寸上有所不同，细节上也存在着大量的微小差异。特别是，静电发生器不是靠多次反复地引进较小的带电导体将电荷转到导体内部的，而是通过某种输送系统不停地供应电荷。静电发生器的下部结构是用来提供电压的一个变压器，球体上部里面固定着一个滑轮，变压器和滑轮之间有一个环形的绝缘带，这个带子会稳定地提升电荷，直到球体的势能达到非常高的程度。

照片V中显示的发生器，从绝缘带开始提升第一个电荷为止，在几分钟之内就能将电势提升到500万伏特。虽然理论上这种装置可以无限制地提升电势，但实际上当带电球体开始向周围的钢保护壁上打出火花的时候，就表明电势已上升到极限范围[1]。

有了这种高电荷球体后，把一个真空玻璃管的一端连接在下端带电的球体中，另一端则固定在地面上，然后我们就可以在这个真空玻璃管中加速任何种类的粒子，如质子、α粒子和锂核等，从而产生快速移动的粒子束。当这些离子抵达玻璃管底端时，由于它们具有强大的动能，所以会穿过薄薄的云母窗，进入到地下实验室，并用来瞄准所要研究的物质。这个地下实验室顶棚的开口处，即高能质子束的入口，安置有很多奇怪的复杂仪器，这些仪器专门用来记录原子核裂变的结果。

粒子回旋加速器

虽然静电发生器的原理几乎可以追溯到我们对电刚刚有所了解

1.外面的钢性保护结构不仅能防止雨雪，而且还能保持空气干燥，尽量避免产生不必要的放电，所以这个结构是很有必要的。照片V中显示的发生器，由于内部气压稍稍低于标准大气压，所以可以短缩火花间隙而获得更高势能。——作者注

的时候，但欧内斯特·劳伦斯博士在加利福尼亚发明的第一台粒子回旋减速器依据的却是全新的原创理念。通过几百万伏特的电势梯度来加速粒子，与之不同的是，劳伦斯决定让粒子绕着圈跑并给它们一个轻微的推力，在每次通过一个特定"标杆"时施加一定的电压来让粒子加速，以此来逐圈提高粒子的能量。

为了能让带电粒子按照环形轨道运动，就有需要把粒子放到一个均匀的磁场中。因为根据基本的物理知识，当磁场与带电粒子的运动方向的曲线轨迹垂直时，粒子的运动轨道就会弯曲成环状。由于粒子在每一圈都会从连续的"电击"中获得新能量，所以由磁场造成的偏差就会越来越小，而相应的环形轨道半径就会越来越大。幸运的是，劳伦斯用不断提高的运动速度准确弥补了不断扩大的半径，所以粒子能够在固定的时间间隔内抵达该"竞赛电轨道"上的同一个标杆点。这说明我们可以使用普通的高频发生器产生的电势进行电击（见图22）。

劳伦斯在加利福尼亚大学发明的粒子回旋加速器如照片Ⅵ所示，其中显示粒子（质子）是连续绕了很多圈才最终离开仪器的。粒子每跑一圈只需要很短很短的时间，远不到一秒钟，而且每次跑完一圈后都会受到一次电击，所以当它跑到终点时，自身已经累积了几百万伏特的电势。螺旋轨道的末端放置着一个薄薄的云母窗，当这些高等粒子从这个窗口出来之后，就能用来进行任何形式的核轰击了。

凭借人工粒子束实验，我们可以获得所需要类型的子弹并能按照意愿随意选定子弹的运动速度，这大大加深了我们对各种核反应的理解与认识。除了上述提及的几点之外，人们还通过这些手段开展了许许多多有趣的原子核转化研究。

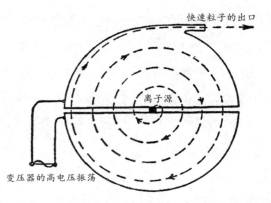

图22 粒子回旋加速器原理。粒子以螺旋加速度的形式运动。

新的"入侵"子弹

过去10年，核物理研究因为一种全新微粒子子弹的发现而取得了显著进展。尽管这种新的子弹在很多方面与普通质子很相似，但它却不带电。这些不带电的质子就是我们常说的中子，是进行核轰击的理想子弹。因为它们不带电，所以不会被重电原子核排斥，并且能轻而易举地深入到原子核结构的内部。

虽然卢瑟福早在1925年就提出了可能会存在这种类型的粒子，但直到1932年才有证据表明它们是真实存在的。当时，卢瑟福的搭档詹姆斯·查得威克博士成功地证明，铍受到α离子轰击后所释放的独特辐射中就含有与质子质量相当的一种中性粒子。轰击生成的原子核与普通碳原子核差不多。

目前，想要生成中子通常会用两个氘核的碰撞，即两个重氢原子的原子核[1]。

1.重氢通常被叫作氘，核标志为$_1D^2$。（电荷为1、原子量为2） ——作者注

在现代化的一个高压发生器中加速重氢离子，并让它们落到一些物质上，比如分子中含有重氢原子的重水上。根据如下等式 $_1D^2 + _1D^2 \rightarrow _2He^3 + _0n^1$，生成的撞击中就会产生大量快速移动的中子。我们可以看到，该反应还会生成另一种物质，就是质量为3的轻氦同位素。据了解，这种同位素会以极低的比例混在质量为4的普通氦原子中。

这里需要注意的是，由于缺少电荷，中子不会在空气中形成任何离子化，所以当它们穿过云室时相应地也不会留下任何可见的轨迹。我们通常只能通过它们与空气中挡道的粒子相撞后生成的产物形成的轨迹来观察到。

使用中子轰击的结果

如上所述，中子可以轻易地穿过包含重电原子核在内的任意原子核，并会在后者内部产生致命的破坏。意大利物理学家恩里科·费米以及他的搭档就在这方面做出了大量研究。如果是较轻的元素被中子轰击的情况，则通常会在反应中喷射出一个 α 粒子或者是一个质子，如 $_7N^{14} + _0n^1 \rightarrow _5B^{11} + _2He^4$，表示氮转变成了硼和氦；或者 $_{26}Fe^{56} + _0n^1 \rightarrow _{25}Mn^{56} + _1H^1$，表示铁转变成了镁和氢。

对于重元素来说，虽然原子核周围的势能墙太强大但是并不能阻挡中子的脚步，但却能防止任何带电原子核抛出构成其一部分的粒子。所以，在这种情况下，进入原子核的中子必须通过电磁辐射才能消耗掉它们的能量，这就导致原子核会在反应中释放出硬性线 γ 射线，比如：$_{79}Au^{197} + _0n^1 \rightarrow _{79}Au^{198} + \gamma\, rays$，其中生成了金的一个重同位素。当被轰击的元素生成较重的同位素后，原子核通常会通过释放一个电子来实现电荷上的调整。

原子核爆破

在我们迄今所讨论的所有核反应中，原子核发生的主要转变包括一些相对较小的核结构部件的喷射（如α粒子、质子或中子）。亚原子物理学发展到此，还未曾有人发现哪个重元素的原子核爆裂成两个或者两个以上的近似等分部分。但是不久后（1939年冬天），两位德国物理学家奥托·哈恩与丽丝·迈特纳就观察到了这种"破碎结果"，他们发现已经不稳定的铀受到中子束的强烈轰击后会分裂成两个大碎片：其中一个碎片是钡原子核，另一个据推测应该是氪原子核。该实验过程中释放的能量是任何已知核反应释放能量的几百倍。正如我们会在下个章节中看到的那样，这种全新的核转化类型第一次让我们看到亚原子能实际应用的曙光。

第四章 亚原子能量能否控制?

能量与黄金

从上个章节中，我们已经知道在过去几十年中物理学的发展重新唤起了中世纪炼金师的黄金梦，而且还给出了坚实的科学依据，证明可以人为地将一种元素转化为另一种元素的可能性，这太让人惊奇了。然而炼金师只是一心想把贱金属转化为珍贵的黄金，但我们之后关注的则主要是能量，并非黄金。实际上，因为核反应中可能释放出的巨大能量储备会使黄金或者从这种核转变中生成的其他金属物质变得黯然失色。

例如，受到质子轰击而分裂的锂原子能释放 2.8×10^{-5} 尔格能量。所以，如果通过质子轰击，将1克锂完全转化成氦，则会释放合计 2.5×10^{18} 尔格的能量。按照目前的能源价格计算，这些能量的价值为7500美元。如果在释放能量的同时生成了黄金或白银，那么这些黄金或白银也只占"总收益"的一小部分——1克黄金约1元——所以，没有人会对此感兴趣。另一方面，如果将埋藏在原子核深处的亚原子能量投入到实际应用中，则现代科技和生活将会出现革命性的颠覆！

亚原子能量的低释放率

然而，现在就推测开发亚原子能量可能带来的技术和经济效应还有点为时过早。因为，虽然那些能量就在那里，但是就如我们在之前章节中了解到的，不管是自发性核转变，还是人为引起的核转变，它们释放能量的速度都极其低，低到甚至需要借用非常敏锐的物理仪器才能探测到。亚原子能量的"原子能库"释放能量的速度就好像是一个巨大的高架湖泊，其中的湖水通过小豁口以每周一滴水的速度向外渗漏。除非找到一条路来打开更宽的通道，从而方便水流能汹涌而出，否则在这里安装一个大型水轮机是没有任何意义的。

为了了解释放亚原子能量的情况下，这种豁口是否有可能扩大，我们不得不再详细讨论影响核转变速度的各种因素。

使用带电粒子轰击原子核的可能性

假设我们发射了一个微粒子子弹，比如加速到携带极高能量的一个质子或者一个α粒子，用它来试图轰击某种物质的原子核。那么我们发出的子弹能正面撞击到被轰击物质中的其中一个原子核的概率有多大？我们知道原子核的直径要比原子自身的直径大约小10,000倍，所以原子核的目标区域要比整个原子的目标区域小1亿倍（直径比的平方）。由于我们没有什么可行的办法能将我们的子弹瞄准目标，所以入射粒子在平均击穿1亿个原子后才能击中一个原子核。但是，我们的子弹在击穿这么多原子时，会因为与轨道电子发生电相互作用而损失掉能量[1]。

1.该相互作用会导致原子在轨道上离子化，然后如之前提到的（第60页），在云室中形成一个可见的轨迹。——作者注

导致速度稳定下降，而且在大多数情况下，极有可能还未击中原子核就停止了运动。

事实上，经典裂变试验中使用的α粒子以及用现代高压发生器生成的质子只需要穿过100,000个原子体才能停下来。所以，子弹在损失掉其全部能量之前就击中原子核的概率只有（100,000/100,000,000），相应地，入射到物质中的1000个子弹中也只有1个有可能会击中目标。轰击被厚厚的原子电子包裹的原子核无异于用一把机枪射击藏在一堆这样的沙袋其中一袋中的一个核桃。

所以很明显，尽管直接击中目标原子核的子弹可以将目标击裂，并释放出超出冲击能几倍的亚原子能量，但是释放的总能量并不够弥补在未击中目标之前的数千次尝试中损失的能量。当然，如果轰击时增加粒子的原始能量，则我们可以增加任意一个粒子穿透的原子数量。但是，据观察，即使是宇宙射线中具有数十亿伏特巨大能量的一些粒子，也明显无法保持转化时的总能量平衡。

另外，还需要指出的是，千万不要以为我们可以"剥离掉原子核的电子保护盾"，然后直接轰击"裸核"集合体，就被贴上很有远见的标签。实际上，当原子核被剥离掉维持电荷平衡的电子保护盾之后，它们会在如此强大的力的作用下就会相互排斥，而如果要想把这些失去电子的物质放在一立方厘米的范围内，我们需要数十亿的大气压才能做到。这个大气压差不多相当于月亮在地球表面上会产生的重量，所以很明显我们无论通过什么手段都无法获得这种压力。

侵入核堡垒

现在，我们讨论一下上述提到的"幸运"子弹的情况，"幸运"子弹就是由于"原子内摩擦"未损失掉全部能量之前"幸运"击中目标的子弹。一般情况下，是不是这个子弹都会穿过原子核并生成必要的核转变？答案还是否定的，因为原子核具有非常强的抵御外来带电粒子入侵的堡垒。随着子弹不断接近原子核边界，原子核电荷与子弹电荷之间形成了越来越强的排斥力，有可能会把这个入射粒子弹飞，产生普遍的分散现象。所以，只有很少一部分的入射粒子能够在直接击中后，成功克服强大电场排斥的壁垒，真正进入到原子核内部。

从经典力学角度来看，轰击粒子穿过原子核周围堡垒的详细过程似乎带来了一些非常严重的困难——就像上个章节介绍的α粒子"渗透"——所以，唯一的解决办法可能就是使用现代量子学理论。根据作者在1928年进行量子力学计算得出的一个相当简单的公式，据此我们可以估算出能够侵入原子核内部的子弹比例，用被轰击原子核电荷以及所使用子弹的电荷、质量和能量来表示。

特别地，依据该公式，侵入的几率会随着被轰击元素原子序数（原子核电荷）的增加而明显急剧地下降。这说明了为什么使用α粒子和质子进行轰击时，只有最轻的元素才会发生裂变。另一方面，轰击效能也会随着子弹能量的增加而显著提升，而且当子弹的能量足够高时（锂：2500万伏特；铁：5000万伏特；铅：1亿伏特），几乎任何直接击中都将会引发裂变。

共振解体

这里必须要指出的是，这种百分百的入射轰击有时在粒子具有很低能量时就能实现。这种情形通常发生在原子核周围的堡垒存在一定的"弱点"，即我们常说的"共振频率"。格尼证明在核轰击过程中，如果入射离子的能量与被轰击原子核自身内的一个谐振能量相等时，入射粒子穿透原子核堡垒的几率就会显著提升。敲击原子核而产生的那些共振就像是用一个锤子敲击铃铛或音叉而产生的共振一样。因为与普通力学中产生的共振现象相似，所以这个现象就叫作"核共振"，即在特定时间段内连续敲击某一个物体时，该物体的振幅会迅速增加。

对各种核反应的研究显示，其实很多核子都有这种"共振频率"，所以如果轰击的子弹具备适当的能量，则该核子就能被轻易裂变。在很多情况下，使用"共振轰击"能将核裂变率提到数百甚至数千倍。但需要牢记的是，这种利用极高能量或特别选定的"共振值"来提高裂变率的唯一前提是子弹正面撞击后真正地侵入原子核。由于成功撞击原子核的几率就只有千分之一，所以总效率其实也极其不容乐观。

综合考虑上述结果，用快速移动的带电粒子进行轰击而引起核转变的效率非常低，也就是说，尽管这是一个非常有趣的纯科学观点，但却几乎没有任何重要的实际意义。

使用中子轰击

不同于带电核子弹，中子才是核轰击的理想子弹。首先，中子完全不带电，所以在穿透原子核的电子保护壳时不会损失任何能量（前文我们曾提到，中子在云室中不会留下任何可见轨迹）；其次，最终与原子核发生正面冲击的中子不会因为任何电场的排斥力而停止运动。所以，实际上在一层厚厚的物质中，每一个射入的中子最终都会在其路径上发现一个原子核，并穿透它。

但是，准确地说，由于中子的这种极易入射性[1]，中子很容易被原子核捕捉，因而几乎没有自由中子，由于自由中子在自然界中非常稀少，所以也就没有"中性元素"这种说法。值得注意的是，自由中子的存在时间甚至都不会超过半个小时。因为自由中子非常不稳定，所以它在形成后不久就会马上释放一个自由负电荷（即一个普通电子），从而将自身转变成一个质子（图23）。

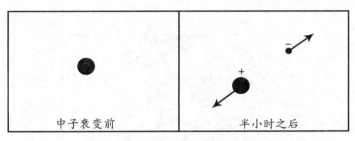

中子衰变前　　　　　　　　半小时之后

图23　自由中子自发分解形成质子或电子。

所以，为了生成一个中子束进行轰击，我们首先需要将中子从普通原子核内部提取出来。中子通常存在于原子核内部，所以只能用质子或α粒子轰击原子核来获得中子。但是，为了用质子或α粒子将中子从原子核内部轰击出来，至少需要成千上万的带电粒子成功入射才可以实现，所以我们又回到了最初的难题上。

倍增核反应

上述讨论解释了利用中子轰击获得实际可用结果的唯一希望就是发现一些中子的核反应，所以可以这样说，中子是自我倍增的。

如果每个入射中子都能从被轰击的原子核中轰击出两个或者更

1.如上个章节中提到的，进入原子核的中子通常会停留在原子核里面，然后在其位置上喷射出一个质子或一个α粒子，或以释放γ射线的形式排出多余能量。——作者注

多的"新生"中子,同时如果这些新生粒子撞击其他的原子核后能够产生更多的中子,那么发生反应的中子数量就会以几何级数的形式成倍迅速地增加(图24),然后我们的问题就得以解决了。中子的这种成倍增多情形与人类的繁衍生息问题相当类似,只有当每个家庭平均出生的婴儿数量不少于两个时,人口数量恰好才会增长,所以核倍增过程要求,只有当"受孕"的原子核被入射中子撞击后释放出两个以上的中子才能确保原子核成倍增加。

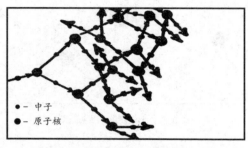

● — 中子

● — 原子核

图24 使用中子轰击可能形成的成倍分解。

直到最近的1939年,人们还是广泛地认为这种成倍增加现象实际上并不常见,而且核反应就是严格的一对一关系(即一个粒子只能射出一个粒子)。但是,正如上个章节中提到的,哈恩和迈钠近期用中子轰击铀和钍的试验表明,相比而言,这些元素的原子核比任何其他元素的原子核都更容易破裂。当受到中子撞击后,这些原子核就会倾向于分裂成两个比较大的部分,这种主要破坏同时还伴随着以两个、三个,有时甚至是四个中子的形式喷射出较小的核碎片。所以,我们可以清楚地看到我们一直在寻找的成倍增加现象确实发生了。所以,如果我们能够恰当地处理这些核反应,或许就可能找到大规模释放亚原子能的办法。

然而，两个问题马上随之而来：第一，在我们的实验室中，受到中子轰击的铀为什么没有马上爆炸，从而将实验者以及其他数百英里之内的其他生命一扫而空？因为，从理论上讲，这种成倍效应一旦启动就会形成可怕的爆炸，导致铀原子中存储的大量能量（10^{18}尔格/克，相当于一顿炸药爆炸的能量）被瞬间释放。

　　关于这一重要问题的解释是，首先，我们实验室中使用的普通铀都是"潮湿"的，当然这里的潮湿并不是通常意义上的潮湿，而是指其活跃部分中混入了大量的惰性物质（就像浸泡在水中的一块潮湿木头）来吸收大部分新生成的中子，从而没有参与到新的反应中。已知，普通的铀包括两种同位素U_I和U_{II}（见图16），原子重量分别是238和235。其中，混合物中较轻的同位素U_{II}只占0.7%，同时可以确定的是这个较轻的同位素正是形成可观测的分裂以及强烈密集释放中子的主要原因。占99.3%的较重同位素U_I也会捕获入射中子，但是它们不会分裂并释放高能，而是会保留入射的中子，然后以硬线γ射线的形式释放出多余能量。因此，实际上只有极少数生成的中子能参与到实际的倍增过程。并且为了生成一个明显的倍增效应，我们必须将活跃的较轻同位素与较重的同位素区分开来，虽然并不是不可能，但以目前的物理实验手段，无论如何这一任务还是很难完成的。现代技术会使用大量的连续漫射技术来分离同位素，逐步提高被漫射物质中较轻同位素的浓度[1]。

　　现在，很多实验室正在尝试分离铀同位素，或许马上就能得出极

1.通过渗透壁的散射率完全依赖于原子重量，较轻的同位素能更快速地通过散射壁。但是，由于两种铀同位素在原子重量上的差异并不明显（未超过1%），所以铀的散射分离会非常慢。——作者注

具趣味的结果[1]。

但是，我们根本也不用害怕，某个风和日丽的一天，位于某个城市的一个实验室会突然兴奋地宣布他们得到了高浓度的U_{II}同位素。因为，伴随着较轻铀同位素浓度的稳步增加，亚原子能量的释放速度相应地也会缓慢增加。在所释放的热量太高而具有安全隐患之前，这个分离过程将会马上停止以避免任何爆炸危险的发生[2]。至少，我们希望会是这样。

造成铀中的中子自我成倍增长过程的第二个重要因素就是所必需的铀量。如果铀太少，其内部生成的大部分中子它们会在有机会击中原子核之前就从铀表面逃逸出来，然后倍增过程就会停止，这就像如果一个小部落在周围的森林里不断损失其年轻成员，那么该部落就会无法发展壮大。因为没有壁垒能够阻挡中子逃逸到周围空间里，所以只能加大铀的数量来确保其内部生成的中子能在逃逸之前有机会击中原子核。但是，这差不多需要几百磅的纯铀235，而本身这就是很难办到的一件事情，尤其还是以同位素分离的形式。

铀能价格

假设这两个难题——分离出大量同位素以及保留住活动中子的办法被哪位技术天才攻克了，并找到了可以用"铀燃料"中的亚原子能发动引擎的方法，那么铀能的价格会是多少呢？

铀并不是一种非常廉价的材料，根据目前的市场价格，一磅含有

1.1940年3月15日，德尔斯·阿尼尔、E·T·布思、J·R·邓宁以及A.V.格罗斯宣布成功分离出了铀的较轻同位素，但量非常少（0.000000001克）。——作者注
2.这是一个自发现象，因为反应生成的温度会融化用来进行同位素分离的任何容器。需要注意的是，核爆炸的发生不需要任何特殊的中子源。实际上，会有很多中子偶然经过（比如，宇宙射线中的中子），所以任何时候都有可能产生"火花"。——作者注

95%纯铀的氧化铀约为2美元,而2美元差不多能从煤矿上买到一吨煤炭。同时,因为只有0.7%的铀在中子倍增反应中是活跃的,所以一磅氧化铀释放的亚原子能量合计约为3×10^{18}尔格。另一方面,与一磅氧化铀价值相同的煤(900,000克)仅仅能释放3×10^{17}尔格的能量,所以铀中释放的亚原子能量会比煤炭能量便宜10倍左右。

然而,需要补充强调的是,如果用铀完全替代煤炭提供能量,按照目前的能量消耗速度,地球上存储的铀矿不用100年就能彻底用完。

重述要点: 原子结构

现在让我们再次且最后一次回归到物质深度这一问题上,简要回顾下我们在过去三个章节中得出的一些主要结论。首先,我们发现日常所接触到的都是看起来如此均匀的物质,它们实际上都是由非常小的颗粒构成的,即科学家所说的分子。没有足够强大的显微镜可以使这些构成物质的粒子可见,因此必须使用非常复杂而微妙的现代物理学方法来证明它们的存在并对它们的特点属性展开研究。

例如,1立方英寸的水中含有6×10^{23}(23个0!)个H_2O分子,会在持续的剧烈而无序的热运动作用下不断移动,这种运动应该会让它们看起来就像渔夫篮子里刚捕获到的很多鱼一样。这种分子运动会随着物质温度的不断降低而逐渐减慢,但如果想让这些躁动不安的粒子彻底静止下来的话,温度需要达到零下459℉才可以。但是反过来,温度不断升高会让分子的运动速度越来越快,并最终能将它们相互分离开,形成我们所知道的气体或蒸汽。气体或蒸汽中的各个分子都能在空间中自由移动,所以经常会与其他粒子发生碰撞。

有多少种不同类型的化学物质就有多少种不同的分子(即成千上

万种)，但是如果我们更加仔细地研究一种给定的分子，就会发现分子中通常还包括数量有限稍小一些的粒子，即原子。因为纯化学元素只有92种，所以相应的原子种类也只有92种，但是这些种类有限的原子却可以组合成不计其数的复杂化学物质。根据我们的观察，原子不同的分配组合会形成不同的复杂分子，我们把这一过程叫作特定的化学反应，或者说是一种复杂化学物质转化成另一种复杂化学物质。但是，尽管中世纪的炼金师们做了所有各种尝试，原子本身却还是固执地拒绝进行转变，所以导致化学家们错误地认为原子就是不可继续再分的基本粒子，这从它们的希腊名字所包含的意义中就可见一斑。

然而，随着物理学的发展，上个世纪在科学界盛行的观点还是被撼动了。现在我们都知道原子实际上是一个极其复杂的力学体系，里面有一个中心原子核，受到电场力影响，原子核周围环绕着大量的电子。然后，人们又认为原子核是最小的不可再分物质，但即使是支持德谟克利特观点的这一个最后堡垒也被纳尔逊·卢瑟福公爵孜孜不倦的研究给推翻了。

1919年，卢瑟福用一个极小的子弹，即α粒子，首次击破氮核之后，随后的20年时间里，核物理取得了巨大发展。在此期间，科学家们进行了数十次的核反应试验，并开展了极其详细的研究，所以在几十年前人们对原子认识的基础上，才有了对原子核的现有认识。

核反应不同于分子间发生的普通化学反应的两个重要事实就是：核反应过程中会释放大量的能量，同时想要大规模发生这种反应的话是非常困难的。实际上，由于每个原子核周围都环绕着许多厚厚的电子壳层，所以使用子弹轰击原子核时只有很少一部分子弹能直接击中原子核，而且实际上只有成千上万分之一被击中的原子核才有可能会产生我们所期望的核转变。最近几年,中子的发现以及与这种新类型的粒子相关的成倍反应确实给我们带来了希望。为原子内部隐藏的巨大储量的亚原子能进行技术实用化提供了可能,但是到目前为止这些也还只是希望。

虽然对铀核和钍核具有的特殊裂变属性所展开的研究为我们解决这一问题带来了极大可能,但是我们却发现这两种元素异常不稳定,而且在世界上还非常稀有。所以关于如何释放原子核能量这一基本问题,还有很多普通的元素有待研究。

然而,随后的章节我们又将会回到太阳上,但是耐心的读者最终会从这些章节中发现,即使在人为加速的炮弹最猛烈的轰击下,普通元素仍然顽固地保留着它们隐藏的能量,同时在我们地球实验室条件下无法取得的特殊高温条件下,能够形成大规模的转变。另外,我们还可以看到,这些转变正是造成我们的太阳发光发热的原因,也是造成天空中其他星星辐射能量的原因。

第五章 太阳的点金术

亚原子能量及太阳热量

核变化过程中会释放大量能量的这一发现为我们提供了一把钥匙，这把钥匙或许能够解开关于太能辐射源的这一古老谜团。其实，我们已经提过，导致一种元素转变成另一种元素的核反应，通常还伴随能量的释放，释放出的能量要比分子间发生普通化学反应所释放的能量要超出百万倍以上。所以，靠煤炭供给能量的太阳会在5000——6000年后消耗殆尽，而靠亚原子能供给能量的太阳则会在数十亿年间维持不变。

但是，我们还知道，普通的放射性元素，如铀或者钍，非常稀有，所以它们不足以成为太阳巨大辐射能量的源泉[1]，这样的话，就只剩下一种可能性，那就是我们所观察到的能量肯定是在普通的稳定元素发生诱发性转变时释放的。所以，我们必须把太阳内部想象成某种巨大的自然炼金术实验室，就像我们地球上实验中发生的普通化学反应一样，各种元素可以在这个实验室里轻易地就能转变成另一种元素。

那么，这个巨大宇宙能量工厂是用什么特殊设备来生成如此大规

1.但是，这些元素却能放射出足够的热量熔化我们地球内部深处的岩石，并保持地球内部炙热的熔岩状态。——作者注

模的核转变并释放出如此巨大的原子能量的呢？如果我们还记得第一章中介绍的太阳内部的物理条件，那么我们应该马上就能想到这些区域具有的最大特点就是温度极高，同时在地球的实验室条件下根本无法取得这种温度。难道是这种极高温度造就了太阳内部极高的核转变率？我们知道受热后分子间发生的普通化学反应会明显加速，而当普通炉子中的一根木头或者是一块煤被加热到几百度后就会开始燃烧，那么为什么我们不能认为太阳内部的物质被加热到几十亿度的高温时就会以核反应的形式"燃烧"呢？

热核反应

1929年，罗伯特·阿特金森、菲里茨·豪特曼斯这两位年轻的科学家首次回答了这一问题。他们解释的大意是，当太阳内部达到一个非常高的温度时，热运动的动能就会变得非常大，这会导致物质中不规则移动的粒子之间形成激烈的撞击，并如同普通轰击试验中的粒子子弹的作用力一样，因此会对原子核造成破坏性的冲击。事实上，当温度高达2000万度时，热运动的平均动能能达到5×10^{-9}尔格，这与实验室条件下人为转变元素时所观察到的10^{-8}尔格能量相差并不是特别大。但是，如果说普通的轰击方法也许就像是一排士兵拿着刺刀对抗一大群人的话，那么热核反应更像是高度兴奋和争吵的人群中一场激烈的一对一赤膊战斗。

另外，值得注意的是，在引发热核反应的高温条件下，物质中将不再含有普通意义上的原子和分子。因为，在远低于这个温度的高温条件下，每个原子中的电子壳就已经因为相互之间的热冲击而被剥离掉了，所以这个时候的物质只是不规则运动的一些裸核（完全电离的原子)以及在裸核之间到处乱窜的自由电子(图25)。失去电子壳保护的"裸"核将会完全暴露在热碰撞下,而且通常对它们来说,任何剧烈的直接冲击都会是毁灭性的。

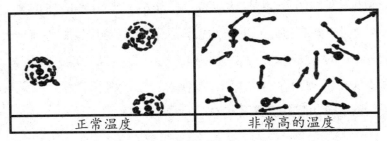

| 正常温度 | 非常高的温度 |

图25 气体热电离。

显然,热撞击的持久性会导致热核反应比普通的轰击过程更加有效且没有上限,因为在普通的轰击过程中,人为加速子弹在穿过十几万个被轰击物质的原子之后就会因为电子的作用而丧失掉其原始能量。例如,如果我们将氢和锂的混合物加热到足够高的温度,那么这两种元素粒子之间就会一直进行激烈的热撞击,直到所有可获得的原子核都已经转变成氦才会停止。该过程中释放的亚原子能量能够为我们的反应物质提供足够的热量来确保热撞击持续下去,所以这里我们需要做的就是充分提高混合物的温度来促发反应。

热核反应所需要的温度条件

为了考虑各种元素之间发生的热核反应对太阳生命的重要性——另外,如果我们还想讨论这些相同的反应过程在地球上实用化的可能性——我们首先必须要清楚,在什么样的温度条件下才会发生相当强烈的热核反应。

在我们之前讨论过的普通核轰击试验中，热核反应速率完全取决于围绕在被冲击原子核周围壁垒的穿透性。文中已经指出，按照作者提出的核转变理论，我们能够根据撞击粒子的动能及电荷计算出穿透概率。而且我们还知道这种穿透概率会随着撞击粒子能量的不断增加（比如，提高混合物的温度）而显著提高，但也会因为电荷的不断增加而明显降低。所以，为含有不同类型原子核的混合物加热时，我们首先会观察到最轻元素之间的反应，因为它们携带的电荷最小。所以，上述提到的氢与锂之间发生的反应将会成为最先会发生反应的元素之一。随着温度继续升高，我们应该希望看到热中子会更有效地穿透较重的原子核，同时α粒子与最轻的元素之间也开始发生反应。最后，当温度仍然非常高时，重原子之间的撞击就成了最主要的反应。

但是，为了能依照这个穿透公式计算出两种给定类型的原子核之间发生热核反应的速率，只知道粒子在给定温度条件下的平均动能是不够的。正如我们在第二章中提到的，热气中的粒子运动速度不仅不完全相同，反而会呈现出广泛的速度分布，即麦克斯韦分布。当然，拥有异常高能量的粒子数量确实是相对较小，但是我们必须要知道有效碰撞会随着冲击能量的提高而明显提高。所以，为数不多的高能粒子对维持总体分解平衡来说依旧非常重要。图26中，A曲线表示的是我们所熟悉的热运动麦克斯韦能量分布（与图6比较），给出了拥有不同能量值的气体各粒子的相对数量（E）。另一方面，曲线B给出了不同能量粒子相应的裂变能力（穿透核堡垒的能力）。最后，这两条曲线得出的结果A×B表示的是总裂变作用（粒子数量乘以它们的相对穿透能力）。从中，我们可以马上看出当能量值介于中间时，效果是最好的，虽然此时粒子数量还不算太少，但却已经具备足够高的堡垒穿透能力。

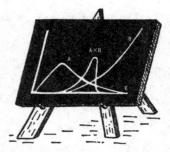

图26 热能的最佳裂变效果（A×B），虽然粒子数量已经相当少，但却已经具有足够高的原子核堡垒穿透能力。

所以，通过将作者的穿透入射公式与麦克斯韦分布定律结合起来，阿特金森与霍特曼斯成功总结出混合物的温度以及入射元素的原子序数的表达式会影响裂变率[1]。为了不吓到读者，我们在这里就不一一列出所有的数学计算公式了，但是会给出使用这些公式计算一个典型的核反应而得出的数字结果[2]。

本着这一目的，我们认为已经多次提到过的氢与锂之间的反应就是最有效的反应之一，因为它们不仅反应率高，而且每个原子核释放出的能量也非常多。由7份锂和1份氢组成的1克混合物，如果完全转变成氦，就会产生2.2×10^{18}尔格的亚原子能量。但是即使当温度达到几千度时（我们在实验室条件下所能获得的最高温度），热核反应进行的速度还是非常缓慢，这将需要几十亿年时间才有可能进行完全转变。按照这种极慢的速度，1吨混合物每100年时间也就只能释放几尔格能量，甚至都不够把一个死苍蝇从地上捡到桌子上。但是，当温度达到100万

1.生成的能量速率同样取决于物质的密度，也与发生反应的物质的密度成正比。——作者注
2.实际上，这些数字结果并不是按照阿特金森与霍特曼斯最初得出的公式计算得出的，而是按照依核物理的最新发展而修订后的新公式计算得出。——作者注

度时, 几磅氢–锂混合物释放出的能量就能发动一辆汽车引擎。并且, 最终在2000万度的太阳中心部位, 只需要几秒就能将氢和锂转变成氦, 而且还会以可怕的爆炸形式释放能量。

然而, 如果我们将同样的公式应用到质子与较重元素原子核的撞击中, 就会发现即使是在太阳中心温度的条件下, 举例来说, 氢和氯之间发生反应, 转变一半的混合物也需要10^{25}年, 而质子入射重铅核所需的时间甚至都无法想象——至少10^{250}年! 另外, 我们还发现, 即使与最轻的原子核发生撞击, 在这种温度条件下, 热α粒子的穿透性也会非常小, 甚至可以忽略不计, 并且只有当温度超过5000万度时, 热α粒子才会显现出巨大的穿透力。

如何制造一个"亚原子马达"

"太棒了,"读者朋友可能已经做出这样的感慨,"那么, 我们只需要在一个蒸汽机的炉子里装上氢–锂混合物, 然后把炉子加热到几百万度就行了。这非常难吗? "(图27)。

图27: 理想的亚原子能量马达, 然而没有任何物质能承受这么高的温度。

当然，如果要做这个试验的话，老式的蒸汽机当然并不难找，必要的核燃料也不会特别难找，因为几乎所有的药房都会出售固体锂-氢化合物LiOH。但是，如何获得几百万的高温条件呢？像煤炭燃烧这样的化学反应根本无法提供这么高的温度，而且如果我们试图用电加热炉子的话，那么电线——即使是用超耐热材料制成的线——都会在温度未达到几千度时就已经被熔化掉了。炉壁本身也会面临同样的命运，所以根本没有办法将反应的气体控制在给定范围内。炉壁融化后，热气会马上直接膨胀消散，然后温度就会不可避免地下降。

就像所有这些无法想象的事情都会早早发生一样，导致我们根本没有机会获得必要的高温度值，所以我们很难在实验室条件下观察到热核反应的促发过程。至少，现代技术还无法解开这一谜团。

太阳炉

虽然我们想要在家里建一个热核反应炉非常困难，但是太阳中就存在热核反应，因为太阳本身就是一个如此巨大的宇宙火炉，宇宙炉壁是受重力相互作用影响而聚到一起的 "气体墙"——太阳的外层（图28）。

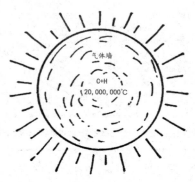

图28 亚原子能量发生器——太阳。受重力作用影响，气体壁被固定在一起。

另外，重力也提供了一种必要的机制，使温度从原始值提高到可以促发热核反应的温度。我们已经从第一章知道，太阳在其生命初期就是一团气体，温度相当低，质量相当巨大。这种气体由于逐渐产生的重力收缩，温度才会变得越来越高。当不断收缩的太阳，它的中心温度高到足够可以使核反应持续下去时，太阳因为不断释放亚原子能量而停止继续收缩，然后太阳就变成了目前的稳定状态。

另外，我们还应该注意，太阳的外层能够为其内部能量的释放提供理想的调节机制。如果太阳中央区域的热核反应速度因为某些原因而减慢，则整个太阳本身马上就会立即开始收缩，这将会导致温度急速上升，从而将能量释放迅速恢复到原始水平。另一方面，如果中央区域生成的能量超出了"警戒线"，则太阳就会扩张并因此来降低中心温度。

从这个意义上来说，我们的太阳可能是最灵巧的而且也是唯一的"核机器"。

太阳能反应

现在，我们已经知道，在太阳内部达到的高温条件下，质子与各种轻元素原子核会以足够的速度发生热核反应，以获取必要的能量产物。另外，根据爱丁顿提出的太阳构成学说，我们已经知道太阳体中含有相当大量的氢（占35%），所以参与反应的其他元素还有待确定。为了实现这一目的，我们必须计算出大量可能存在的核反应所能释放的能量，然后将计算结果与实际观察到的太阳辐射进行比较。

例如，氢-锂反应明显太快了，所以不是生成能量的主要反应物。因为我们已经知道，在2000万度的高温下，锂和氢只需要几秒的时间就能转变成氦。所以，如果太阳中央区域含有大量的锂，所有的巨大亚原子能量将会以可怕的爆炸形式释放从而将太阳炸得粉碎。因此，我们认为太阳内部不能含有大量的锂，就像我们知道一个缓慢燃烧的炮筒中肯定不含有任何火药[1]。

另一方面，质子与氧核发生反应时释放热核能量的速度又太慢，所以也不可能是太阳辐射的主要来源。

"但是，要找到与古老太阳完全相符的反应毕竟应该不会太难，"1938年，汉斯·贝特博士在回康奈尔的火车上想到，当时他刚参加完华盛顿理论物理会议，刚刚知道了核反应对太阳产生能量的重要性，"我肯定能在晚餐之前找到这个反应！"然后他拿出一张纸，开始在上面写上维持太阳生命的可能核反应的一行行相关公式和数字。毫无疑问，这使他的旅客同伴感到大为惊讶。在一次又一次的核反应之后，他打算从太阳能生命供应的候选名单上一个一个排除。而作为太阳，所有人都没有意识到它所带来的麻烦，直到太阳缓慢地沉没到地平线之下，这个问题还是没能得到解决。然而，汉斯·贝特可不想因为与太阳相关的这些难题而错过一顿美好的晚餐。当经过的餐车服务员走到他跟前第一次叫他吃晚饭时，加倍努力的贝特终于找到了正确答案。与此同时，来自德国的卡尔·范·魏茨泽克博士几乎在同一时间提出了同样的太阳热核反应过程，而他也是第一个认识到循环核反应对太阳能生成的重要性的人。

太能的主要能量来源是热核反应，而且据此发现，不是只来源于一种单一核转变，而是一系列相互关联的连锁反应，也就是我们所说

1.但是光谱证据显示太阳大气中一个温度较低的区域中含有一些锂。因为这种元素不可能出现在太阳炙热的中心区域，所以我们认为该元素只能在太阳的外层中大量存在。（与第七章比较）——作者注

的反应链。而且这个反应序列最有趣的一个特征是：它是一个封闭的环形循环链，每经过6个步骤就会重新回到原点。图29所示的就是相应的太阳能反应链，从中我们可以看到该循环链中的主要参与者就是碳核与氮核以及与它们撞击的热质子。

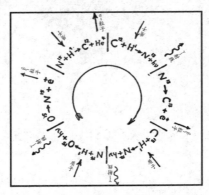

图29 造成太阳中能量生成的循环连锁反应。

举例来说，首先普通的碳（C^{12}）与质子撞击的结果是形成了较轻的氮同位素（N^{13}），并以γ射线的形式释放出了一些亚原子能量。这个特定的反应在核物理学界非常有名，而且在实验室的条件下，已利用人为加速的高能质子成功进行了试验。不稳定的N^{13}原子核会释放出一个正电子或正β粒子来调整自己，然后变成稳定的重碳同位素（C^{13}），据我们所知，这种少量的重碳同位素存在于普通煤炭之中。受到其他热质子的冲击后，这个碳同位素会继续转变成普通的氮（N^{14}），同时释放出强烈的γ辐射。现在，这个N^{14}原子核（也作为我们所介绍的循环反应的起点）在与其他热质子（第三个质子）撞击后会生成不稳定的氧同位素（O^{15}），后者马上会再释放一个正电子而形成稳定的N^{15}。最后，射入N^{15}内部的第四个质子会将其分成两个不等的部分，其中一个就是循环开始时的C^{12}，另一个就是氦核或者α粒子。

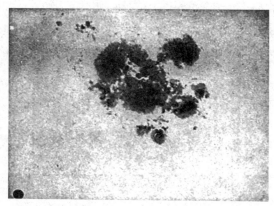

照片1A　太阳黑子群（威尔逊山，1917年）。其中黑色圆点代表的是地球的相对大小尺寸。

照片1B　日珥，高225,000公里（威尔逊山，1917年），白色圆点代表的是地球的相对大小尺寸。

照片2 早期人工核裂变的影像（布莱克特摄）。一个α粒子击中了大气中的一个氮核后，释放出了一个快速移动的质子（与图18比较）。右视图详见文中介绍。

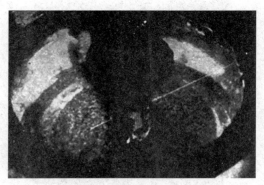

照片3 核衰变A 从核粒子加速器的离子管末端释放出的一个人工加速中子，它把一个锂核转化成了两个α粒子。照片中显示的正好是这两个离子朝相反方向飞行所对应的云迹。

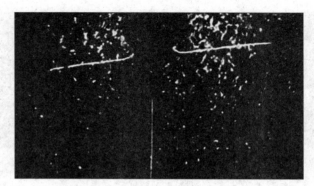

B 一个人工加速的质子将一个硼核分裂成朝三个不同方向飞去的α粒子。

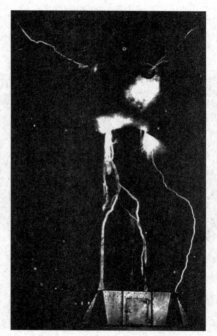

照片4 范德格拉德静电发生器中的火花。该装置底部的
门的实际高度跟人差不多。

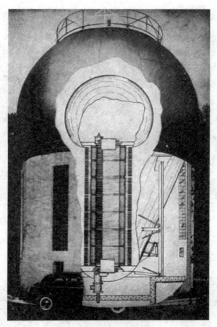

照片5 华盛顿卡内基研究所的静电原子加速器。横截面显示了球形导体、绝缘支架以及加速粒子的管道。在接近顶部和底部的地方充电带显示被切断。

照片6 加利福尼亚伯克利的新劳伦斯回旋加速器生成一个携带能量超过3000万电子伏的α粒子。中间的是巨型电磁器的线圈，周围是用来保护工作人员免受辐射的水箱。

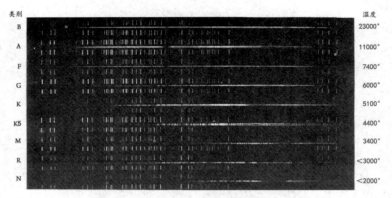

類別 / 溫度

B ... 23000°
A ... 11000°
F ... 7400°
G ... 6000°
K ... 5100°
K5 ... 4400°
M ... 3400°
R ... <3000°
N ... <2000°

照片7 哈弗恒星的光谱分类。天文学家可根据不同的光谱
评估出恒星的表面温度。

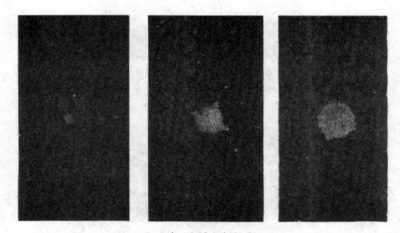

照片8 新星和超新星

A.天鹰1918新星扩张的星云环。三张照片分别拍摄于1922年7月20日、
1926年9月3日和1931年8月14日。（拍摄地：威尔逊山）

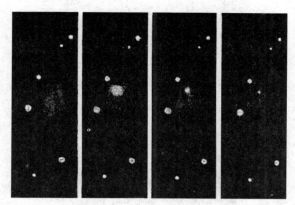

B.超新星 I.C.4182的出现与消退。照片分别拍摄于1937年的4月10日、8月26日、12月31日与1938年的6月8日。(拍摄者: 兹威基博士)

照片9 天琴座中的"行星"或"环状星云"。这可能是几百年前的一个新星爆发形成的。(拍摄地: 威尔逊山)

照片10 天鹅座中的丝状星云。这可能是10万年前一个超新星喷射出的气体壳残留。中间的那颗亮星不属于这个星云中，在这里出现纯属偶然。（拍摄地：威尔逊山）。

照片11 猎户座中发光的气体星云。这个巨大的气团位于银河系内部，发光或许是因为周围恒星的辐射造成的。（拍摄地：威尔逊山）

照片12 银河靠近天鹰座的部分，其中有非常多的恒星个体。中心的暗区并不是一个"通道"，而是一个昏暗的气体星云造成的视觉暗区。（拍摄地：威尔逊山）

照片13 距离我们最近的岛宇宙的中心部分，即仙女座中的漩涡星云，距离我们只有68万光年，前景中的恒星都属于银河系。（拍摄地：威尔逊山）

照片14　后发座中的漩涡星云，一个遥远岛宇宙的侧面图，注意环绕这个星云的一圈黑暗物质。（拍摄地：威尔逊山）

照片15　大熊星座中的漩涡星云，另一个遥远岛宇宙的俯视图，注意旋臂中的星团。（拍摄地：威尔逊山）

照片16 猎犬座中的漩涡星云，下旋臂的末端位置有一颗卫星。（拍摄地：威尔逊山）

　　我们可以看到，在循环反应链中，碳核和氮核是永远被再生的，而且发挥的作用就像化学家眼中的催化剂一般。这个反应链的最终结果就是将进入循环中的四个质子生成一个氦核。因此，我们可以把整个反应过程说成是：氢在高温下被碳和氮催化形成氦的转化过程。

　　应该清楚的是，在有足够氢的情况下，循环反应的速度将会完全依赖于太阳物质中碳（或氮）的比重。天文物理研究证据表明太阳中含有1%的碳，如果以这一数据为准，那么贝特就能够证明他所说的反应链在2000万度的高温下释放的能量与太阳实际辐射的能量完全一致。鉴于所有其他的可能反应得出的数据结果与上述天文物理学证据不符，所以可以明确地认定碳–氮循环反应就是生成太阳能的主要来源。另外，这里还需要注意的是，在太阳中心温度条件下，完成图29所示的完整循环反应大约需要500万年，所以在每个时期每个循环结束的时候，参与反应的每个碳核（或氮核）都将会再生并重新进入下一轮反应。

鉴于碳是这个过程发生的基本元素的这一观点，所以按照原始的见解，也可以说太阳的热量来自煤炭。只是我们现在知道了这个"煤炭"并不是真正的燃料，而更像是传说中的凤凰。

太阳的演化

随着太阳缓慢消耗氢"燃料"，太阳的内部可能会发生什么类型的变化呢？乍一看，好像会不可避免地导致生成的能量逐渐减少，然后太阳也会慢慢枯萎，每时每刻都会变得越来越冷、越来越暗淡。但是，作者的研究表明太阳实际上并非如此，反而肯定会逐渐变得越来越亮。

由于热核转化的速度不仅取决于反应元素的数量（这里指的是氢），而且还取决于诱发反应的温度。我们假设一下，如果太阳"燃料"总量的减少会在某种程度上导致温度上升，那么剩下的最后一块肯定会燃烧得更亮，同时也能提供更多的热量，就像装满燃料的"炉子"一样。图30中显示的就是这种类型的装置，在普通煤炉上连接着的吹风机的风口正对着装有煤炭的炉排，当煤炭重量减少时，吹风管对着的通路就会相应地扩大，形成更强的气流，然后导致火势变得更强。

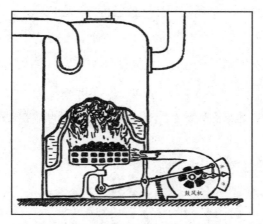

图30 当火炉中煤炭减少时火势反而更强。

太阳炉中有一个类似机制，不同的是调节机制是由形成太阳体物质的传导性提供的。因为在太阳内部通过消耗氢而生成了氦，氦在传导性方面不如原来的氢[1]，所以热核反应释放的能量在向太阳表面传导时就会遇到更多阻碍。随着越多的氢转换成氦，大气层的热传导性就会变差，继而导致能量都积累在太阳的中心区域，相应地就会引起温度的持续上升以及能量生成速度的提高。

作者根据普遍认可的太阳内部组成理论进行的计算显示，太阳辐射量会随着时间逐渐增加，而当氢全部用完的时候，太阳辐射量应该已经翻了100倍。这些计算还显示，随着氢含量不断减少，太阳的半径会先变大几个百分点，之后再慢慢缩小。

这些结果都在图31中以图形的形式展示出来了，其中太阳未来状态的发光度以及半径都采用对数刻度标注出来了。从中我们发现，对

1.在地球的条件下，氢气和氦气都相当透明，但是在太阳内部的高密度和高温条件下，当不透明度是氢气几倍的这些氦气聚集在一起形成厚厚的气体层后就会有效地吸收太阳辐射。——作者注

于太阳能生成问题的新发现会让我们得出与经典理论完全相反的结论：当太阳活动减少的时候，地球上的生命不会被冻死，反而注定会被太阳正常演化终结时产生的剧烈热量而燃烧殆尽。当太阳辐射增加到100倍时，就会使地球表面温度远远高于水的沸点，尽管这个温度可能不会熔化构成地球的坚硬岩石，但肯定会让海洋的海水沸腾。

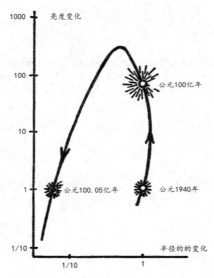

图31　太阳的演化。经过一段时间的极亮期之后，太阳开始迅速收缩，并减少光发射。

　　虽然未来几十亿年，随着技术进步，人类或许能在地下挖掘出安全、宽敞且通风条件良好的地下生活空间，甚至到时候可能整个人类都已经转移到银河系中表面温度将没有那么高的一个遥远行星上了，但我们很难想象留在地球表面上的那些生命将如何在这种条件下生存。另外，我们不能忘记，太阳辐射的变化进展得非常缓慢，所以在整个地质时代中，太阳活动的增加只能以极慢的速度提高地球表面的平均温度。太阳损失1%的氢含量也只能将地球温度提升仅仅几度而已。所以，我们认为太阳中的热核反应过程不会引发宇宙大灾难的突然爆发（见第九章），但这种情况是可以及时预见的，而且还有可能因为定居海王星等其他行星而得以避免。

但是，温度的缓慢上升很可能会引起生物世界的进化发生改变，导致地球上的生命能逐渐适应这种高温气候。但是，由于任何高级生物都无法生活在沸水中，所以当生存条件变得越来越艰难的时候，生物种群极有可能会开始减少。因此，高级生物种群有可能在温度远未提升到无法忍受的水平时就已经消亡了，而到时也许只有那些最简单而且最稳定的微生物能够"看到"油尽灯枯的太阳拼尽最后一丝力气释放出的辐射了。

太阳未来会怎样呢？

正如我们在前述章节中看到的一样，消耗较少燃料却能提供更多热量的供热机器还是能被建造出来的，但不需要任何燃料就能产热的机制是根本不存在的。所以只要太阳消耗尽仅存的氢燃料后，将彻底失去亚原子能量来源。一旦剥夺了能维持太阳活动100亿年的能量源泉，太阳将会被迫返回到早期的能量生成机制中，而且会在相当长的时间内提供不了任何帮助。

太阳将会开始再收缩。但是，正如我们已经知道的，与核反应产生的能量相比，重力能没有任何的实际利用价值，在经历了亚原子能源的辉煌生命之后，没有亚原子能维持的太阳将不得不以极快的速度收缩。从那个角度来看，我们的太阳不仅会在体积上急速缩小，而且不久之后还会开始降低发光度。当太阳快速地失去现有的光度之后——

当然这里的快速指的是几百万年![1]——太阳的辐射也会越来越少，直到最后不再提供任何热量。随后，我们会用一章的篇幅更详细地讨论太阳演化的消亡阶段。

1.如图31，当太阳演化到其演化轨迹的下降部分时，太阳的半径会明显小于其现在的半径。——作者注

第六章 浩瀚星海中的太阳

恒星有多亮?

很久以前, 我们很多人小的时候可能都认为星星是高高挂在头顶蓝色苍穹上的银色小灯笼。在研究恒星辐射来源的过程中, 作者遇到了很多看起来难以逾越的难题, 每当这个时候, 他就会亲切地想起最古老而又最简单的这些假设。但遗憾的是, 他毫不怀疑这个古老的假设是错误的, 因为恒星与太阳非常相似, 实际上都是巨型的炙热气团。之所以看起来又小而又模糊, 只是因为它们距离我们的太阳非常非常遥远, 但是天文观测使我们能够评估出这些恒星的距离, 并将不同恒星的实际(或绝对)光度与太阳光度进行比较。

我们举个例子, 比如耀眼的大犬座。当然, 大犬座这个名字只是古代天文学家为了将不同的星群区分开而按照动物或神话人物给这个星群起的名字而已。虽然在我们这些凡夫俗子看来, 组成这个特殊星座的恒星星群(图32)的造型, 看起来几乎并不像任何已知品种的狗或者任何动物, 但我们还是必须要尊重传统。这个大犬的眼睛是天空中可见最亮的一颗恒星, 名叫天狼。天文学家告诉我们, 天狼星与我们的距离是太阳与我们距离的50万倍, 即52×10^{12}英里! 如果天狼星到我们的距离与太阳到我们的距离一样, 那么它发出的光和热要比太阳强

40倍。

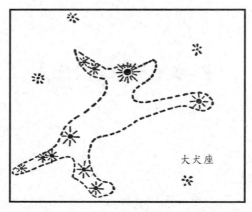

图32 大犬座星群。

也有很多亮度更高的恒星,比如天鹅座Y星[1],虽然亮度是太阳的30,000倍,但因为离我们非常遥远,所以很难能看到。另一方面,当然并不缺较暗的恒星,如克鲁格60B[2](不是所有的恒星都能拥有像天狼星这样霸气的名字),绝对光度(或总辐射)比太阳光度要低1000倍。如果我们将太阳光度与所有其他已知的恒星做比较,就会发现太阳的排名大约处于中间位置,所以从这个意义上说,它是一颗典型的普通恒星。

恒星的颜色及光谱分级

在恒星物理性质的研究中,我们不仅要知道它们的绝对光度,而且还得弄清楚放射光的光谱组成,因为这些重要信息能帮助我们确定这些遥远天体的表面温度。我们在第一章中已经知道,通过太阳表面每单位面积释放出的辐射量我们就能轻易地评估出太阳表面的温度。

1.位于天鹅星座中。——作者注
2.(*克鲁格目录中登记的第60个恒星的B部分。——作者注但是, 对于大部分的恒星来说, 我们却无法直接测量出它们的表面面积, 因为它们离我们太远了, 即使是用最大倍数的望远镜[1], 它们看起来也像无量纲的虚无缥缈亮点。

幸运的是, 发热体释放的辐射还有很多其他的特性和特点, 即使不知道恒星的表面亮度, 我们也能借助这些特点评估出恒星的温度。我们知道在温度稳定升高时, 所有的物体首先都会发出红光, 其次是黄光, 然后是白光, 随着温度上升得越来越高最后会变成蓝光。这些发射光的颜色变化是由于发射光谱不同部分的相对强度随温度变化而变化。正如我们能从图33中看到的, 随着温度上升, 最强的光从光谱上的红色逐渐变成了紫色。因此, 通过比较不同恒星释放出的光的颜色, 我们就能清楚地知道它们的表面相对温度, 并且淡红色恒星的温度相对较低, 而淡蓝色恒星的温度则相对较高。

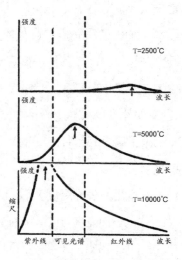

图33 随温度变化的连续放射光谱。

1.迈克尔逊提出的独创性干涉法只能直接测量出少数几个附近的大恒星的直径。——作者注

还有一种更敏感的方法来评估恒星的温度，就是研究贯穿不同恒星（包括太阳在内）的众多连续放射光谱的黑色细线（即所谓的"夫琅和费谱线"）的相对强度。这些黑线是恒星大气选择性吸收光线的产物。由于不同原子的相对吸收能力在很大程度上取决于温度，所以不同恒星吸收线的形状会明显不同，因此我们只要瞥一下不同恒星的光谱特点[1]，就能评估该恒星的表面温度。

按照天文学实践惯例，恒星的温度被分成了10个等级范围，即照片Ⅶ中显示的著名哈佛光谱型分类。在这个系统中，10个等级分别用不同字母来表示，很显然是为了误导门外汉，这10个字母并不是按照字母表的顺序排序的。然而所有说英语的天文学家都知道一个简单能避免混淆这些吸收线的记忆口诀："Oh, Be A Fine Girl, Kiss Me Right Now……"（哦，这位美丽的女士，现在就轻吻我吧……）关于最后的那个字母S代表的应该是"Sweetheart"（甜心）还是"Smack"（掌掴），虽然哈佛与叶凯士的天文学家们已经争论了好久，但依旧没有定论[2]。

对于一个给定恒星，根据其特征，其光谱值落到了这两个类别中间，则可以使用十进制计数法，例如：A2＝从A到F距离的20倍，或者K5＝从K到M距离的50倍（见照片Ⅶ）。在这个哈佛分类系统中，我们的太阳属于G型（6000度），天狼星属于A型（11, 200度），克鲁格60B暗星属于"较冷"的M型（3300度）。

根据恒星的光谱类别得出其表面温度值后，我们现在就能通过比较这个温度水平应展现出的表面光度与该恒星的绝对光度来估算出其几何尺寸。通过这种方法，我们得出天狼星与天鹅座Y星的直径分别

1.印度天文物理学家那萨哈根据原子结构的量子论第一次提出了吸收大气的温度与吸收光谱的特点之间具有紧密的联系。——作者注
2.照片Ⅶ中未显示O型和S型的光谱。——作者注

是太阳直径的1.8和5.9倍，而克鲁格60B暗星的直径只有太阳直径的一半。

赫罗图

当我们比较这四个恒星的时候（包括太阳在内），就会发现一个非常有趣的规律，那就是光度较强的恒星通常表面温度更高，直径也更大。对这一关系进行更深入的研究后可以得出一个用于恒星分类的著名结论，它也成为了目前研究恒星特点及其演化的重要理论依据。

1913年3月的第一个星期对于普林斯顿的天文观察者来说真是糟糕的一周，天空布满了乌云，雨几乎没有停过，所以根本无法进行任何观测工作。但是，这样糟糕的天气不仅几乎未妨碍到天文台的主任H.N.罗素教授，甚至还让他感到庆幸，因为有了充裕的闲暇时间，他就可以把之前的观测结果理顺一下，从而验证一下，在他脑子里盘旋了几个月之久的一些想法正确与否。

罗素拿出一大张坐标纸，然后开始在上面画了一个简图，用这个简图来刻画他所知道的恒星光谱类别与其绝对光度之间的关系。虽然这个工作相当繁杂，需要在图中标绘出数百个恒星，但当工作接近尾声时，他发现所有的点组合在一起形成了一个非常有趣而又特殊的形状（图34）。

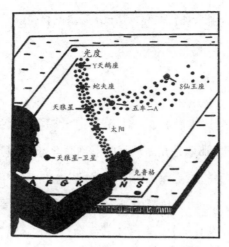

图34 ……汇聚在一起的点开始组成一个非常有趣且特殊的
形状（赫罗图）。

　　显然，图中从右下角到左上角的一个窄带中包含了大部分标绘的
点，尤其是代表我们的太阳的点也在其中。显然，所有属于这一主星序
的恒星是密切相关的，而且只有一个因素不同，大概就是它们的质量。
这些"正常恒星"中既有相对又冷又暗的"红矮星"，也有亮蓝的"蓝巨
星"。

　　但是，这个显著的规律性却被一些明显的例外所打破。正如这句
话所说，这些例子帮助证明了这条规则。距离主星序较远的地方明显
有两种不同类别的恒星。在图中的右上角是一些不规则散开的点，它们
代表的都是那些尽管表面温度相对较低但绝对光度却极高的恒星。因
为表面温度低就意味着单位表面面积产生的光强度就会较小，所以如
果整体光度高的话就只能推测是因为它们的几何体积非常大。这些星
体的名字都是红巨星，其中就包括知名的御夫座主星五车二以及造父

变星。

赫罗图的左下角则是被第二种异常恒星所占据，即白矮星。这些恒星体的表面温度很高但是总光度却较低，这明确地显示出它们的几何体积很小。我们之后就会知道，这些白矮星比地球大不了多少倍。

我们会在随后的两章中再具体讨论这两种"异常"恒星，本章中我们只关注主星序中的正常恒星。

恒星质量

虽然恒星质量是最重要的信息之一，但却是天文观察的薄弱点之一。评估恒星质量的唯一途径就是观察围绕着该恒星旋转的其他天体的运动周期。例如，我们通过地球绕着太阳公转的周期就能估算出太阳系中心天体的质量。尽管我们不能排除大部分的其他恒星也具有与我们类似的行星系统（见第十章），但它们太远了，我们也观察不到。

幸运的是，有很多恒星都是"成双成对"出现的，形成了所谓的"二元化"，被称作"双星系统"（图35）。在这种情况下，我们就能直接观察到这个系统中两个天体的相对运动，然后就能依据转动周期估算得出它们各自的质量[1]。但是，由于评估质量需要了解运动的所有元素，截止到目前，可以确定质量的恒星只有几十个而已。但是，虽然数据很有限，但在恒星质量与光度之间的关系方面，我们依旧能得出一些有趣的结论。

1.从天文学观察角度看，双星系统可以分成类，一种是利用单独的高倍望远镜都能看到的目视双星，另一种是只能通过它们光谱线的多普勒效应观察到相对运动的分光双星。——作者注

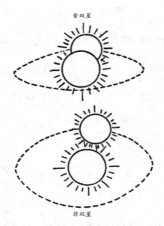

图35 双星。如果两个天体的轨道平面倾斜度足够大的话，那么这个恒星系统就是一个食双星。

　　亚瑟·爱丁顿先生首先提出恒星的亮度是关于它的质量的一个绝对函数，亮度会随着质量的增加而显著提高。例如，拿我们已经讨论的恒星举个例子，我们发现高亮度的天鹅座Y星（亮度是太阳的30,000倍）的质量是太阳的17倍，天狼星（亮度是太阳的40倍）的质量只是太阳的2.4倍，暗星克鲁格60B（亮度是太阳的0.001倍）的质量是太阳质量的1/10。

　　由于恒星的辐射总量会随着质量的增加而急速增多，所以与较轻的恒星相比，质量较重的恒星每克质量释放的能量肯定要多得多。从上述数据中我们看到，与太阳相比，天鹅座Y星、天狼星和克鲁格60B的每单位质量可释放的能量分别是1800、15和0.005。但是，如果所有的恒星都像我们的太阳一样，能量都来源于热核反应，则它们释放能量的不同速度肯定取决于它们内部不同的物理条件，主要是它们不同的中心温度。

恒星内部的核反应

我们在第一章中已经看到，爱丁顿对巨型气态球形星如何维持自身平衡做出了独具匠心的分析，这能帮助我们了解太阳由外到内位于不同深度上的物质的不同物理特点，并由此可以明确确定太阳内部产生能量区域的密度和温度情况。鉴于我们在分析太阳方面获得的成功，在研究其他恒星的内部条件时同样也可以使用相同的方法。实际上，当知道了一个给定恒星的质量、半径（或表面温度）以及总辐射量之后，我们可以通过一系列复杂的计算得出该恒星的中心温度和密度。按照此种方式对前述我们讨论的几个典型恒星进行分析后，结果请见下表，其中也同时列出了根据观察得到的绝对光度和质量估算出的每克恒星质量的能量生成情况。

恒　星	质量（相对于太阳）	中心密度（相对于水）	中心温度（℃）	单位质量的能量生成（尔格/克秒）
克鲁格60B	0.1	140	14×10^6	0.01
太阳	1.0	75	20×10^6	2
天狼星	2.4	41	25×10^6	30
天鹅座Y星	17.0	6.5	32×10^6	3600

表格中的最后两列明确显示了温度对观察到的能量生成有着巨大的影响。在恒星内部，当温度从2000万度仅上升到3200万度时，单位质量的能量生成就能随之扩大1800倍。但是，只有在存在热核反应时，我们所说的这种情况才会成立。正如我们已经看到的，热核反应速率通常会按照比例急剧地抬升温度。

在之前的章节中我们已经知道，我们的太阳之所以产生能量完全是因为自我再生的碳–氮发生了循环反应，将太阳物质中的氢稳定地转化成氦。自然而然，我们可以假设主星序中所有的其他恒星也存在相同的循环反应来产生能量。实际上，按照上述表格中显示的恒星内部的温度和密度值计算得出的热核反应所释放的能量值与它们所显示的观测亮度非常紧密地匹配。所以，像我们的太阳一样，正常恒星都是仰赖氢转化成氦的过程中所释放 出的亚原子能量而得以存续的。

较轻恒星之间的竞争反应

然而，还需要指出的是，尽管碳–氮循环反应对于主星序中大部分的恒星来说是首要的重要因素，但是对那些像克鲁格60B一样较轻的恒星体来说，除此之外，还存在一个可以相抗衡的重要竞争因素。这些"冷"恒星的中心温度相对较低，所以缓慢的热质子就会很难穿过像碳和氮这样的重核。那么，在这些条件下，就有必要考虑是不是存在一个相当不同的核反应，即在质子之间并不需要任何重元素来催化就能发生的核反应。来自美国的年轻物理学家查尔斯·克里奇菲尔德率先研究了这种反应，在他的试验中，两个相撞的热质子生成了一个重氢核或氘核（见第二章和第三章）。反应式如下：$_1H^1 + _1H^1 \rightarrow D^2 + \overset{+}{e}$（正电子）。之后，新生成的氘核通常会转化成重氦核：$_1D^2 + _1H^1 \rightarrow _2He^3 +$放射物等[1]。

精确的计算显示，当温度低至1500万度时，这个反应就发挥出了与碳–氮循环反应相同的重要性，如果温度继续降低，则就会成为首要的重要因素。因此，对于主星序中中心温度只有1500万度或更低的那些

1."等"在这里暗示该反应之后还需要发生一系列复杂的反应才能最终生成普通的氦 2He4。——作者注

较轻暗星来说,它们的能量生成机制与那些相对较亮的恒星的能量生成机制稍稍不同,比如我们的太阳或天狼星。

恒星演化

前述章节中提到过,作者研究我们太阳的未来演化时得出了一个惊人的结论:当氢含量减少时,太阳的温度和辐射总量反而会增加。在赫罗图的框架中,这意味着代表太阳的那个点正缓慢地从当前位置向左上方移动,向那些更亮更热的恒星靠拢。

图36是我们的太阳与主星序上另外两个恒星(天狼星与克鲁格60B)的演化轨迹,其中也显示了我们的计算结果。我们看到恒星的演化轨迹或多或少都是顺着主星序来的,只有在原始辐射量放大100倍后才会弯向较低光度的方向。所以,100亿年之后,我们的太阳会变得跟现在的天狼星一样明亮,而天狼星自身的亮度则会变得跟现在的蛇夫座O星差不多。

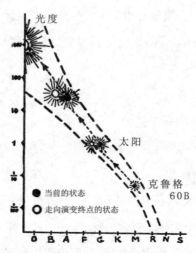

图36 根据恒星演化理论,三个恒星未来在光度和光谱分类方面发生的变化。

然而，这并不意味着说公元10,000,001,940年的天空中星星就会比公元1940的更亮一些。因为虽然有很多恒星会变亮，但现在正当年的很多恒星到时就会耗尽它们剩余的氢能源，会变得暗淡一些。从这个意义上来说，赫罗图上显示的恒星移动与人类社会中因年龄增长而发生的新老更替非常相似。但是，正如人类社会中不断降低的出生率会导致人口数量逐渐减少一样，新恒星形成的速度也会对恒星社会造成巨大影响。如果正如可能的情形那样（见第十二章），"恒星出生率"随着时间的流逝而不断降低，那么我们就有可能会看到天空的整体面貌会随着宇宙的不断衰老而发生变化。

　　这里需要说一下的是，不同质量的恒星会以不同的速度走完它们的整个演化周期，与较轻的恒星相比，又重又亮的恒星会较快用完它们的氢源。所以，如果两个不同质量的恒星同时开始它们的生命，如果消耗氢的比例相同，那么当较轻的恒星还处于其演化的上升期时，那颗较重的恒星就已经在消亡了。例如，由于天狼星消耗燃料的速度是太阳的15倍，所以天狼星开始结束其生命的时间就会比太阳早15倍，因此主星序上那些最亮的恒星（蓝巨星）的生存期估计都不会超过几百万年。

恒星演化及质—光关系

　　读者认真细心地读完本章的内容后，根据这种联系，可能会提出一个非常重要的疑问。

　　"上边已经提到，"他可能会说，"各个恒星的亮度与它们各自的质量之间存在一个明确的经验关系。但是，如果各个恒星的光度在它们的演化阶段发生了100倍的变化，我们应该能找到质量相同但光度不等的恒星,或者质量明显不同但光度相等的恒星。这样的话,爱丁顿的经验质—光关系是不是就与恒星演化观点冲突了?"

为了摆脱这个表面上的困境,我们首先需要更多地关注演化中的恒星经历各个演化阶段时的速度。因为,如果结果是大部分的恒星都处于同一个演化阶段,那么我们的问题就能得到解决了。我们已经知道恒星内部的能量生产工厂有一个独特性质:在剩余燃料不多的情况下,燃烧的速度就会加快。所以,尽管恒星处于演化轨迹较低部分时需要的氢燃料非常少,但是到后期消耗燃料的速度会变得更快一些。这些处于演化晚期的恒星的特性是为了呈现出高亮度,就必须要有更高的亚原子释放速度以及更快的氢消耗速度。所以,在演化较低阶段待的时间相当较长的恒星会相对较快地跑完其生命的晚期阶段。

例如,计算显示我们的太阳会在其演化轨迹的头半段度过其生命周期的90%的生命(光度增加10倍),而在剩下的后半段只度过其生命周期的10%(光度从10增加到100)。相应地,我们随便选定的一颗恒星极有可能处于其演化轨迹的初期而不是末期。同理,在一个畸形社会中,如果每个人全部生命的90%都处于其童年时代,则我们在这个社会中看到的几乎完全就只有儿童人口。因此构成质量-光度曲线的恒星中,只有少数几个恒星明显偏离了主线,而实际上,(在较大光度的方向)也确实存在几个这样的偏离。

我们认为大部分被研究的恒星都处于同一个演化阶段的第二个原因基于一个事实,这个事实是:恒星宇宙本身也很年轻。我们的太阳还需要100亿年才能彻底耗尽燃料并结束氢转化过程。另一方面,也有明确的证据显示(见第十一章和第十二章),整个恒星宇宙形成的时间还不到20亿年。显然,在这么"短"的时间内,任何在光度方面能与太阳比拟的恒星不可能已经演化到相当大的程度。只有位于主星序上半部分的因为太亮而快速消亡的那些恒星才有可能因形成得太早而已经完成了大部分的演变变化，而且我们正是在这个区域发现了质量–光度关系上的显著偏离。

恒星的青年时期和老年时期

所以，截止到目前，我们只讨论了由高温引发的核反应过程中由于氢的消耗情况而确定的恒星演化部分。那么在中心温度还未达到2000万度无法促发碳–氮循环反应之前恒星是什么状态？当恒星中的原始氢含量全部用光而无法再产生可利用的亚原子能量之后又会怎样呢？另一方面，我们是否能从天空中找到仍处于幼年时期或者已经处于老年时期的恒星样本？

这些问题让我们想起了那两种类型的"异常"恒星——红巨星和白矮星，它们完全没有按照正常的制氢机制进行演化。所以，之后就让我们把注意力集中在这些可能代表婴儿期和老年期的因素上吧！

第七章 红巨星及太阳的青年时期

典型的红巨星

我们已经知道红巨星的体积非常庞大而且表面温度也很低。五车二（或御夫座α星）就是可以被发现的这类特殊恒星的一个典型，对夜空感兴趣的读者可能对这颗恒星并不陌生。望远镜观察显示五车二其实是一个双星系统，星体其中的两个组成部分以极其亲密的姿态围绕着彼此相互旋转。

系统中较暗的那个成员（五车二B）是主星序中的一颗普通恒星，但是较亮较大的那个恒星成员（五车二A）具有明显与众星不同的特殊特点。恒星五车二A的直径是太阳直径的10倍，所发出的辐射是太阳辐射的100倍。如果是主星序中的普通恒星拥有这么高的亮度，我们就会认为这颗恒星的表面温度肯定特别高。但是观察却显示五车二A的光谱分类与太阳相同，也就是说，它不应该那么亮，而要比应该的要红得多。

图37是赫罗图的右上角部分，从中我们可以看到这颗星远离主星序，应该是一颗典型的红巨星[1]。（依照构成该系统的两个恒星的相

1.虽然五车二A的辐射不是特别红，反而会更黄，但是它却比有着同样亮度的普通恒星红很多。——作者注

对运动)评估得出的质量值只是太阳质量的4倍,所以五车二A的平均密度肯定只是太阳物质密度的1/250或水密度的0.005倍。这正符合红巨星的低密度特征,说明构成它的物质比主星序上的正常恒星还要稀薄。

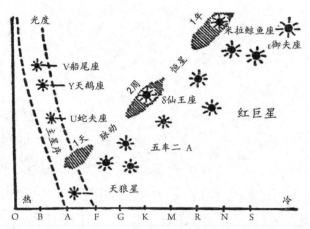

图37 赫罗图的上半部分,显示了红巨星的位置以及脉动星区域。

五车二本身所在的星座中还有一颗典型的红巨星ζ御夫座K星,它的质量是太阳质量的15倍,但是它的直径却是太阳直径的160倍,所以平均密度只是水密度的0.000005[1]。尽管御夫座K星的亮度是五车二A亮度的56倍,但是它还是属于较冷的光谱分类M型,看起来也要比其他的恒星红得多。

但是,最显著的冷巨星是最近在叶凯士天文台观测ε御夫座时才发现的(这并不是说御夫座中的红巨星多,也不是作者尤其喜欢在这个星座中挑选样本,而是纯属巧合)。这些观察显示这颗恒星实际上是一个双星系统,其中的一位成员(ε御夫座I)非常巨大也非常寒冷,所

1.这颗恒星中心区域的密度是0.00014。——作者注

以释放的大部分都是红外线（因此才取名I星）。古老的哈佛光谱系统分类中对这种极低温度的恒星（1700度）没有进行定义，为了方便，我们只是把它简单地定义为"I型"。

尽管这颗恒星的质量只是太阳质量的25倍，但是它的直径却是太阳直径的2000倍。这颗恒星非常庞大，几乎可以将我们的整体行星系统，包括木星和土星的轨道，都涵盖在它的内部，只有海王星和天王星除外（图38）。所以，相应地，它的平均密度只有水密度的0.000000003！

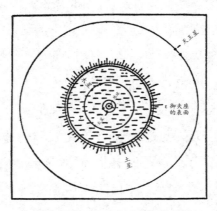

图38 御夫座I星与太阳系的相对大小。

但要注意的是，我们说的都只是平均密度。不管是何种气态体，越靠近中心区域，密度就会随之增加而变大。据观察，红巨星尤为明显，它的密度增幅还是非常大的。

红巨星的内部情况

我们可以像探明太阳和主星序中其他恒星的物理条件一样，为了探明红巨星内部的物理条件而采用同样的方法。我们可以先从表面上可以直接观察得到的情况开始,一步一步地深入到红巨星的内部区域,然后最终确定接近其中心的温度、密度以及压力值。

该分析过程显示,尽管红巨星的中心温度远高于它们的表面温度,但与太阳和其他正常的恒星相比,它们的中心温度还是相当地低。例如,在五车二A的情况下,它的中心温度是500万度(太阳中心温度是2000万度),ζ御夫座K星的中心温度只有120万度。而稀薄巨大的ε御夫座I星的中心温度可能还不到100万度。

当然,对于我们这些地球生物来说,这些恒星内部的温度已经很高了,但只有少数的热核反应能在这种温度条件下促发,尤其是维持太阳和其他正常恒星能量的β碳–氮循环反应还会因为这种"核霜"而停止,所以几乎根本不能再释放任何能量。克里奇菲尔德的氦生成过程同样也面临同样的命运。

为了能为这些相对较冷的恒星找到适当的亚原子能量源,我们首先必须寻找在比上述两种温度低得多的温度下进行的核转化过程。在1939年,本书的作者及其搭档爱德华·泰勒博士针对这一问题进行了研究,结果似乎令人满意地解释了红巨星内部的能量生成情况。

轻元素的反应

正如我已经看到的,质子最容易与元素周期系统中最轻元素的原子核发生反应[1]。如下列出了比碳和氮更轻的元素之间可能发生的全部六个核反应:

$$(1)\ _1D^2 + _1H^1 \rightarrow\ _2He^3 + 辐射物$$

1.不包括生成氦的质子之间的反应,因为质子之间反应时释放电子的几率很低,所以反应速度也会非常慢。——作者注

(2) $_3Li^6 + _1H^1 \rightarrow _2He^4 + _2He^3$

(3) $_3Li^7 + _1H^1 \rightarrow _2He^4 + _2He^4$

(4) $_2Be^9 + _1H^1 \rightarrow _3Li^6 + _2He^4$

(5) $_5B^{10} + _1H^1 \rightarrow _6C^{11} + 辐射物$

(6) $_5B^{11} + _1H^1 \rightarrow _2He^4 + _2He^4 + _2He^4$

我们可以依据核物理的现有数据估算出上述各反应所能释放出的亚原子能量,并依照结果将它们分成不同的三类。

第一类包含的只是质子与氘核之间发生的极其快速的反应(1):由于两种粒子的电荷都非常小,所以即使是在100万度的低温情况下,它们之间的这个反应也能释放出巨大的能量。

第二类是较慢的反应:质子与锂的两种同位素之间的反应(2、3),质子与铍之间发生的反应(4)以及质子与较重的硼同位素之间发生的反应(6)。这些反应所需要的必要温度条件在300万度至700万度之间。

最后,第三类是更慢的反应:质子与较轻的硼同位素之间发生的反应(6)。该反应所需要的温度只比主星序上的恒星的中心温度低一点点。在这种特殊情况下,该反应速度相对较低主要是因为转化过程中牵涉到了γ射线的放射过程,而这会大大降低其发生的概率。事实上,众所周知,释放γ射线的概率比释放一个核粒子的概率要低几百万倍,所以想要获得这种反应的合适速率,只能靠提高气体温度来加强粒子的轰击程度,这是很有必要的。[1]

1.读者可能已注意到第一个反应中(D-H)也存在γ射线释放,但反应速度却是最快的。这是因为在这个反应中,因核子携带的电荷小而造成的核堡垒高贯穿率可以弥补γ射线释放的低概率。如果D-H反应中不产生辐射物,则反应速度可能还会比实际的速度要快几百万倍。——作者注

太阳中最轻元素的缺席

鉴于我们上述讨论到的三种类型的反应在相对较低的温度下就能释放能量,我们可以认为在中心温度为2000万度的太阳中,亚原子能量的释放速度肯定非常快。确实,在目前的太阳温度条件下,如果太阳内部存在任何大量的最轻元素,那么释放出来的能量将会引发太阳可怕的爆炸。所以,我们必须认定太阳内部没有这些"危险的"元素,而且如果太阳在演化的早期内部曾有过这样的元素,那么在遥远的历史时期,太阳的中心温度也肯定远远没有达到现在的程度,温度要比现在低得多,就一定已经完全耗尽了。

然而,太阳的光谱分析似乎显示太阳大气中现在还有少量的锂、铍和硼。地球上有这些元素存在也说明至少当地球从中央体中分离出来时,太阳的外层中也含有这些元素。但是,即使是在地球上,这些最轻的元素也非常稀有(见图39),这也辅助证明了它们在地球历史的早期就已经消失不见了。

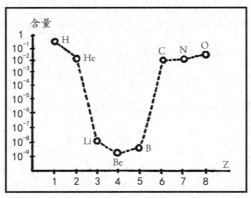

图39 宇宙中最轻元素的相对含量曲线,这个曲线显示出锂、铍和硼的含量都非常少。在陨石和恒星大气中也发现了与此大致相同的曲线。

巧合的是，我们的太阳以及其他恒星的内部与外层包络之间存在的这种化学成分差异对我们解决化学元素的起源问题以及探索宇宙的早期发展都非常重要。

红巨星内部的轻元素反应

我们现在应该回到红巨星能量来源这一原始的问题上。从之前的讨论中我们已经知道，氢与其他最轻元素发生热核反应所需的温度条件在100万度至2000万度之间，正好与我们评估出的不同红巨星的中心温度范围相符。因此，我们就能顺理成章地总结认为这些恒星目前还在"燃烧"它们的轻元素供给，而我们的太阳却早已经将这些元素燃烧殆尽。计算显示，其实只要红巨星中央区域有少量（几个百分点）这些元素存在，提供的能量就足够维持它们的可见辐射了。

然而，该类不同恒星的中心温度差异却很大，所以我们必须选择不同的反应来说明不同的案例。例如，最冷的红巨星ε御夫座I星以及在赫罗图中距离其极其近的邻居，依靠的肯定就是氘-氢反应，所以它们的锂、铍和硼供给应该还没有用上。另一方面，像ε五车二A以及ζ御夫座这样的恒星明显已经用尽它们的氘供给，正在消耗上述提到的第二种反应中的元素。最后，在赫罗图的框架内，与主星序距离较近的红巨星肯定是在使用硼同位素$_5B^{10}$产生能量，而且正准备向普通恒星家族靠拢，一旦它们的氢核燃料用尽就会正式加入。

图40显示了位于赫罗图不同部分的简图。图中给出了恒星中占据首要位置的具体核反应。我们看到主星序中除了较低部分，其余部分对应的都是一种特定的能量生成模式（碳-氮循环反应）。红巨星区域中的各种恒星在它们的熔炉中使用的都是不同的燃料。不同轻元素反

应的区域可能经常重叠, 所以我们能发现在一些恒星中, 有两种或三种元素对能量的生成同等重要。

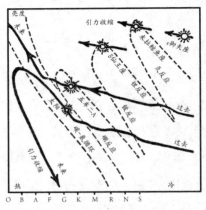

图40 不同核反应在赫罗图中的分布以及太阳与五车二的演化轨迹。

红巨星演化

为红巨星提供能量的轻元素反应与太阳内部的核反应在一个重要方面显示出明显不同, 没有碳–氮循环反应中具有的如 "凤凰涅槃" 般的自我再生特点, 所以凡是参与到这些反应中的核子永远也无法再回到它们的最初状态。因此, 与氮核和碳核在氢转化成氦的过程中充当催化剂的作用不同的是, 参与能量生成过程的氘核、锂核、铍核以及硼核会马上消失。相应地, 恒星作为红巨星的各个阶段的演化肯定会比其在主星序上的演化进行得快一些, 时间要短一些。[1]这个 "恒星婴儿" 在各个阶段的连续演化只是其全部演化生命的一小部分。

现在, 我们应该能勾勒出恒星演化早期状态的总体图像以及太阳

1.因为恒星在消耗完氢之前都会待在主星序上, 而氢在恒星物质中所占的比例又相当的大。——作者注

在过去的发展状况，这也会被描述为一个特例。按照所绘制出的景象，每个恒星起初都是一个稀薄且冰冷的巨型气态球体，在它的里面含有各种可能的化学元素。在引力作用下，球体的不同部分开始不断收缩，因此就会导致中心温度逐渐上升。当中心温度达到100万度左右时，恒星内部第一次出现核反应——氘与氢之间的反应。这些反应释放的亚原子能量会阻止恒星进一步收缩，并且只要恒星内部有足够的氘来维持反应继续，那么它或多或少地就会一直保持在这个状态。

但是，只要氘的数量变得太少而无法提供足够的辐射能量时，收缩过程再次开始。在这之后，恒星就会继续收缩，直到中心温度升高到能促发氢与锂之间发生热核反应为止。这种热核反应会再次让恒星停止收缩。

因此，从一个反应转到另一个反应，随着中心温度和总亮度的不间断逐步提升，红巨星最终进入主星序区域，之后碳核与氮核就开始发挥它们的催化作用。由于恒星体中的原始轻元素含量比重可能还不到1%，所以在红巨星阶段的完全"燃烧"只会导致该恒星体中的总氢含量稍微减少。但是，一旦恒星进入主星序，它的中心温度就会变得非常高，并足以促发碳–氮循环反应来连续不断地消耗氢。当恒星体中的最后一个氢原子都被消耗时，此时，恒星就会开始最后的收缩直到最终消亡。

作者为两颗恒星绘制了这三个主要连续阶段的演化轨迹，详见图40。上边的轨迹是五车二A的，该星目前还处于红巨星阶段。我们预计当这颗恒星进入主星序后，亮度会是目前亮度的几倍，之后就会成为天空中最亮的星星之一。下边的轨迹是太阳的轨迹，显示我们的太阳过去曾经是一个巨大的红球，当时的光度远不及现在的光度。那些比太阳小而且处于演化早期阶段的恒星，因为光度和表面温度都非常低，所以它们基本上是不可见的。

脉动星

早前的观察发现了一种恒星，它们的光度不会一直保持一致，而是会定期出现波动。在许多情况下，这种可变性能通过事实得以解释：认为这种恒星实际上是一种双星系统，同时这个系统里的两个成员相对运动的平面平行于我们的视线方向。显然，在这种情况下，其中的一颗恒星时不时地就会转到另一颗恒星的前面，后星的周期性部分消失将会引起光强度的周期性降低。

我们在图41中的上半部分展示了这种蚀变星的图解以及由于两颗星星重叠而引起的光强度的变化曲线。时间–光度曲线的形状非常有特点，而且这一曲线显示出连续的光度定期地会被一个急剧的下降极值给打断。

但是，对天空进行详细的调查之后我们还发现了其他变星，它们用前述的那种简单假设根本解释不通。这些变星就是广为人知的造父变星（继δ仙王座之后发现的第一颗这种类型的恒星。）它们会定期非常平稳地改变光度，几乎都可以用普通的正弦曲线来表示（图41的下半部分）。这些观察到的亮度呈现如谐波摆一样的波动，这说明了整个恒星体会在特定的直径最大值及最小值之间有规律地进行脉动。对造父变星光谱线中的多普勒效应[1]进行观察后，结果还确实证明这些恒星

1.这个之前已经提到过的多普勒效应其实就是相对于观察者来说一个不断移动的物体释放出的光在颜色上的变化。相对于观察者来说，不断后撤的光线在光谱中会转向红端，而逐渐靠近的光线会转向紫端。所以，通过将恒星表面的光谱与地球上光源的光谱进行比较，如果这个恒星表面是定期前后移动的，那么我们就能在光谱线上发现规律性的转变。——作者注

的表层会定期地上升和下降, 就像是在 "呼吸" 一样。

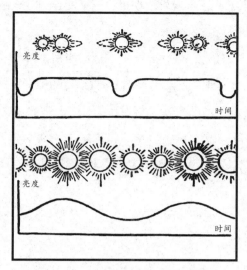

图41 恒星蚀变与脉动变化所对应的光度曲线。

　　值得注意的是, 尽管蚀变星系统中的两个恒星通常都在主星序上, 但脉动现象只能在红巨星中观察到, 脉动星是唯一一种观察到的位于红巨星之中的恒星。脉动星群的边界很明显, 赫罗图最上边特别窄的那段星带中(见图37)就都被这种稀薄冰冷的恒星所占据。

恒星脉动理论

　　根据爱丁顿率先提出的大气气体脉动数学理论, 证明显示: 造父变星的脉动周期与它们的几何尺寸以及质量相互之间存在一个非常有趣的依赖关系。恒星脉动定律与普通钢琴键或小提琴弦之间的谐振理论非常相似。用小提琴来举个例子, 琴弦音(振动频率)完全取决于振动琴弦的长度以及质量(厚度)。长琴弦发出的声音通常比短琴弦低,并且如果两根琴弦的长度相等, 那么较重的琴弦(较厚)发出的声音会较低。同理, 气态恒星的脉动周期也以完全同样的方式随着质量和尺寸的增加而发生变化。

依据爱丁顿的数学理论, 恒星的脉动周期正好与该星平均密度的平方根成反比, 所以物质稀薄的恒星肯定比物质密集的恒星脉动得慢。因此, 鉴于我们已经知道在红巨星家族中, 它们的平均密度会随着质量和光度的增加而下降, 所以我们必须认为又重又亮恒星的脉动周期肯定更长。哈佛天文学家H·沙普利根据观测数据率先提出的这一关系, 对恒星天文学也起到了极其重要的作用。图37中显示了赫罗图中不同红巨星区域所对应的脉动周期: 它们最短的周期只有几小时, 而最长的周期长达数年, 并在此期间发生变化。

三类脉动星

对大量脉动变形展开了更详细的研究后, 我们发现这些恒星的周期值并不相等, 而是可以按照它们的周期长度主要划分为三类。第一类就是所谓的短周期变星群, 它们的周期在6个小时至1天之间。据知, 虽然周期为1天至1周的已知脉动星为数很少, 但是周期为1周至3周的脉动星却很多。第二类中就有著名的δ仙王座, 属于这类脉动星群的大部分恒星都是普通的造父变星。最后一种是周期约为1年的大量脉动星。这些长周期的脉动星是根据最具代表性的刍藁星(鲸鱼星座中"最耀眼"的一颗)命名的"米拉变星"。

图37的赫罗图中加重突出了这三类恒星的区域位置。这些脉动星被分成三组的理论依据正是基于本章之前已经所讨论过的红巨星能量释放理论, 从中我们可以看到这些脉动星的能量来源分别是三种不

同的核反应，而且自然就能推断认为这三类脉动星对应的是三种不同的能量生成模式。

如果我们将这三种脉动星群在图37中所占据的区域位置与图40中显示的依赖不同核反应而存续的恒星位置进行比较，我们马上就会发现上述推断的关系就是相当正确的。事实上，我们发现长周期的变星所依赖的是氕-质子反应生成的能量；而造父变星"燃烧"的是锂、铍和重硼；那些短周期变星所依赖的只有轻硼同位素。

因此，所观察到的巨大恒星体的脉动与化学元素在周期系统中的排序有直接关系。

引起脉动的原因

恒星为什么会脉动，尤其是为什么脉动的这种性质只在赫罗图的某一狭窄特定区域才能够被发现呢？当然，导致气态恒星失去平衡状态的因素有很多，包括附近的两个恒星彼此之间距离太近了或者是恒星内部随便发生了一个小爆炸等等。但是，在那种宏观情况下，严格地说脉动只能算作是不限于赫罗图中某一类特殊星群中的偶发现象。脉动变星集中在图中狭窄的一段区域，这表明我们这里处理的可能是一种特殊情况，也就是在一颗恒星的全部演化过程中仅仅会发生一次的情况。

虽然导致这些巨大恒星体不稳定的确切条件目前还不十分清晰，但是作者最近提出的假设有力地表明：恒星内部的原子核与引力能产生力之间的联系是造成脉动的原因。实际上，赫罗图中被脉动星占据的位置具有一个明显的特征，那就是热核反应释放的能量与恒星体因重力收缩而释放的能量在数量上差不多。所以在这种情况下，我们可以说，恒星"不知道该选择哪种能量会更好一些"，而"只好在这两种可能性之间来回摇摆"。但是这个有力的假设还有待进一步地确认，所以在没有进行大量复杂的计算之前，我们还不能认定这就是最终的解释。

第八章 白矮星及衰亡的太阳

恒星演化结束

从前几章中我们已经知道，在遥远的未来，当提供亚原子能量的所有可利用能源都枯竭之后，太阳就会开始进行最后的收缩。虽然在这个过程中所释放的引力能会让太阳继续发光发热一段时间，但是当收缩过程接近尾声时，太阳的辐射强度就会开始逐渐下降。然后，再经过很长一段时间，我们的太阳就会变成一个死气沉沉的巨大星球，外面覆盖着冰层，还有忠实围绕太阳继续旋转的那些冰冷行星。

当我们说到这个"死去的太阳"时，通过类比，我们会把它想象成一个巨大的石头球体，与地球很相似，只是直径相应会大一些而已。而且，我们还会认为它的内部包含了地质学中所说的各种花岗岩和玄武岩，然后在坚硬固体外壳形成之后的很长一段时间内，它的内部都会处于一种炙热的熔岩状态。但是，正因为太阳比地球要大很多，所以上述的这种类比完全就是错误的。因为根据我们现在掌握的物质特性方面的知识，太阳衰亡后，它内部的物理状态会与我们的地球或任何其他行星都相当不同。

天体物质塌缩

为了理解阻止这种"花岗岩太阳"形成的物理原因，让我们想象一个疯狂的建筑师，他建造了一座不限层数的房屋。随着房屋建筑不断增高，他就需要越来越多的建筑材料，所以每天都会在旧的楼层上砌筑搭建新的楼层。显然，即使是不懂土木建筑原理的人也知道用这种方式盖房子早晚会造成事故。随着层数的不断增加，房屋上层不断增加的重量会把下层的墙壁压垮，将会导致房屋整体坍塌，成为一个乱石堆，远不如建筑初期的工程结构样貌。如果建筑师没有将建筑材料特定的承重极限考虑进去的话，那么当地基承受的压力超过其极限值时，房屋马上就会坍塌。

所以由固体物质构成的如此巨大的恒星体也会遭遇非常类似的困难。这种天体的外层重量会给它们的内部区域造成巨大压力，所以我们必须考虑当压力达到一定数值时固体物质的阻力被打破而出现坍塌的可能。这就为所有可能大小的冰冷恒星体设定了限制，一旦质量非常大而超出了这个限制值时，那么就会发生与图42的例子相类似的坍塌。

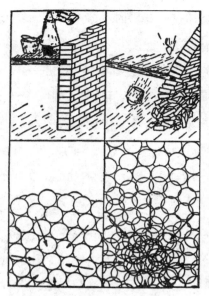

图42 在巨大压力作用下垮塌的砖墙及原子。

　　"但是，这两个情况也不是完全类似的，"读者可能会说，"比如房屋的墙壁所承受的巨大压力主要来自于上面，所以墙壁就会向两边倒塌。但如果是一个巨大的球体，因为中央区域受到来自所有方向的压力是一致的，所以感觉好像它没有可以倒塌的方向。"

　　确实是这样，不过，读者却忽略了一个可能的倒塌方向。我们一定还记得，物质是由大量的独立原子构成的，并且当这些原子都紧密地堆积在一起时，物质所呈现的就是固体状态。但是，我们还知道原子并不像德谟克利特所想象的那样是最坚固的球体，而其实它是电子壳环绕中心原子核的系统。现在，在正常的压力条件下，原子各组成部分之间形成的相互作用力使得它们都能牢固地待在原有位置上，坚决抵制被挤压进入到邻近的原子中去，所以一般的压力增加不会改变固体的密

133

度。但是, 任何阻力都是有极限的, 虽然不同的原子有稍微不同的极限值, 但是一旦压力超过特定值, 那么电子壳就会垮塌并且原子也会被压碎, 就像被压在沉重篮子最底部的那些鸡蛋一样。

然后, 一个原子的电子就会穿透进入到另一个原子的内部, 此时谈论单个原子的电子系统将不再有任何意义了。失去有序环绕在原子核周围的电子系统后, 我们这个"被压碎的原子"将会呈现出一种奇特的混合物, 由原子核裸核以及失去约束自由移动的电子组成, 这些电子在空间中无序地到处乱窜。(图43)

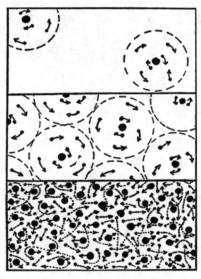

图43 气态、固态(或液态)以及物质的破碎状态。

此时, 因单独原子间电子壳相互之间的不可贯穿性所维系的固态就会失去其坚韧性。并且物质受到的外部压力一有增加就会导致密度也会相应地增加。所以, 当压力充分大时, 一般意义上来说, 物质的固态(及液态)就将不复存在, 而是会继续收缩。

破碎状态物质的特性

在外力作用下能呈现出巨大收缩性或趋于无限膨胀性的物质状态, 这就是物理学中通常所说的气态, 所以我们势必会将上述介绍的破碎物质考虑为某种气体。当然, 这种气体肯定不是按照经典物理习惯定义的普通气体, 排除这种气体具有很高的收缩性之外, 它看起来一定更像是熔化掉的一些重金属。从内部构成这点来说, 这种新的特殊物质状态就与普通气体有很大的不同, 它不是单独的原子或分子的一个集合体, 而是快速移动的原子碎片的不规则混合物。

另外, 还应该注意的是, 就像普通固体被沿着量子轨道移动的电子保护一样, 破碎物质完全是由于其自身当中混合的电子而不是原子核才具有伸缩性的。当电子从单独原子内部固定的轨道上偏离之后 (由于缺乏空间移动), 这些偏离轨道的电子会继续保持它们的零点运动能, 它是这种新气态压力形成的主要原因。所以, 相同零点运动可以防止电子落在原子核上, 因而可以确保原子的存在性, 同样也能保证破碎状态的物质即使在最低可能的温度下也能获得高气压。

意大利物理学家恩里科·费米率先对这种电子气体的特点展开研究, 所以这种气体也经常被叫作 "费米气体"。特别地是, 费米的研究显示电子气体的压力, 也就是破碎物质的压力, 会随着密度的增加而迅速增加, 与气体所占体积的5/3次方成反比。

最大的石头有多大?

上述讨论已经明确了为什么冰冷的巨大天体会在它们的中央区域产生可以压缩原子的致命压力, 从而导致它们不再被认为是一种巨大的石头。因为它们的内部物质已经完全失去了固体该有的特性，而表现的方式与普通气体非常类似。那么，如果我们想要知道这种坍塌的恒星体有多大，我们就必须要更详细地讨论球体内部的费米电子气体压力与促使球体体积收缩的各个组成部分的引力之间的平衡条件。因为电子充满了费米气体的内部，而各部分之间的引力倾向于把它压缩到更小的半径。

假设有一个由破碎物质构成的巨大球体，其质量和半径已知，而且其中的气压与引力都已经达到了平衡状态。在不改变球体半径的情况下，如果我们把质量增加一倍，将会发生什么？压缩该球体的全部引力来自于构成该球体不同部分之间的相互吸引力，例如A和B两个体元之间的吸引力，如图44所示。我们将球体的总质量变成2倍也就意味着两个体元的重量也会随之变成2倍。根据牛顿定律，引力与相互作用的质量的乘积成正比。所以，质量翻倍会导致压缩球体的全部引力扩大至原来的4倍。另一方面，根据费米定律，球体内部的电子气体压力增加的倍数会稍稍低于4（$2^{\frac{5}{3}}=3.17$）。结果，两种作用力之间的平衡就会被打破，球体就会开始收缩，导致球体半径缩小，直到两者再次达到平衡。

由此，我们可以看出，这种破碎物质的状态并不是很适合来构建出巨大的几何体，因为我们放进去的物质越多，最终的体积就会越小。因此，原子对高压的有限阻力就已明确限制了巨石的可能体积。原则上，球体质量超过其原子阻力上限的球体都不能认为是固体，同时它们的几何尺寸会随着质量的增加而减小。

最大的石头: 木星

为了确定仍被认为是固体的物体的最大质量, 在普通意义上来说, 我们必须首先评估出需要多大的必要压力才能粉碎原子。印度天文物理学家D·S·科塔里根据现代原子结构理论轻易地就计算出了结果, 对原子具有致命性破坏效果的压力每平方英寸能达到1.5亿磅。

地球中央区域的压力为每平方英寸2200万磅, 如果将两者的数值进行比较, 我们会惊奇地发现: 让我们引以为傲的地球靠自身的重量还不足以压碎原子。太阳系中只有最大的行星——木星(重量是地球的317倍)的内部压力值接近能粉碎物质的破坏性压力值, 而且我们估计位于这个巨大天体中心的原子如果现在还没有被压碎, 那么在外层的巨大压力下也至少已经摇摇欲坠了。

一切比木星大得多的固态体必然不可避免地会在中心产生塌陷, 从而导致它们的半径最终还是会小于木星的半径。所以, 原则上, 木星是宇宙中几何体积最大的冰冷物质体。而 "死去的太阳" 虽然质量很大(或者, 实际上却正因为如此), 但它的直径却还是会明显小于木星的直径, 变得跟地球的直径差不多大(见图45)。

塌缩天体的质量半径关系

当然, 为了明确塌缩天体的半径与质量的准确关系, 还需要进行相当复杂的数学计算才能得出, 其中不仅必须要考虑被计算物质体的质量, 而且还要考虑其化学构成。因为, 正如我们之前看到的, 物质破碎状态中的气体压力其实基本上是来自于原子破裂释放的大量自由电子。与此同时, 对恒星体进行的外层压力是由在相同的过程中生成的裸核质量所决定的。因此, 这两个相反作用力之间的平衡主要取决于各个自由电子所携带的压力，而不同化学元素的各个电子所携带的压力又是不同的。

例如，纯氢原子破碎时每释放一个电子都会有一个质子质量，而对于氦来说，两个电子就会携带一个质量为4的核子，所以每个氦电子的质量将会是氢电子质量的2倍。显而易见，为了达到平衡状态，由纯氦构成的坍缩恒星体的半径会因为塌缩而小于由氢组成的恒星体的半径。

然而，当我们对元素周期表进行深入研究之后，就会发现，破碎的氦与破碎的氢之间具有2倍的巨大差异，这个差异是目前我们所能找到的最大的差异。因为，所有这些元素的原子重量（质量）与原子序数之比（电子数）总是保持相同的数值或者稍微比氦的高一些。（例如：碳A/Z=12/6=2；氧A/Z=16/8=2；铁A/Z=56/26=2.15）。据此，我们可以得出：由这些元素中的任意一种构成的塌缩天体的半径与纯氦构成的塌缩天体的半径差不多。

因此，从之前章节的讨论中，我们已经知道，一颗塌缩的恒星肯定已经处于其演化的最后阶段，此时该恒星内部的氢含量已经消耗得所剩无几[1]。反过来，这意味着，我们可以忽略具体包含的原子类型这个问题，并且可以直接判定塌缩恒星的半径完全取决于它的质量，是

1.关于作者的这个观点，大部分的天文学家还是持反对意见。因为对白矮星大气的光谱分析表明白矮星大气中依然含有大量的氢，而我们会在以后的章节中看到白矮星其实就是塌缩后的或是正在塌缩的恒星体。但是，有人可能会问含有大量氢的恒星依然能够产生大量的热核反应又怎么会收缩呢？显然白矮星内部含有大量氢的假设与我们掌握的核转变物理知识完全背道而驰。不难算出，如果白矮星内部存在大量的氢，那么（如第五章中讨论的）两个氢原子生成氦的过程中释放的能量会让这些恒星的辐射能比实际所观察到的辐射高出几百万倍。所以，我们只能认为在塌缩天体大气中观察到的氢只是偶然的表面效应，所以就像我们不能依照地图就判定地球的 2/3 都是水一样，我们不能依靠大气分析结果就断定恒星体内部的情况，因为这非常危险。——作者注

138

其质量的函数。

在图45中，我们将用另一位印度天文物理学家S·钱卓拉塞卡计算的结果用图示法进行了展示，钱卓拉塞卡对塌缩恒星体的研究最详细、最完整，对我们的帮助很大。我们看到，当天体质量小于木星的质量时，未塌缩的普通固态天体的体积会与质量直接成正比，而那些质量大于木星质量的天体，情况就完全发生了改变。由于天体内部的物质崩塌，该天体的体积反而会随着质量的增加而减小。尤其是，我们从这个曲线中观察到，"死去的太阳"的半径会比木星的半径小10倍，而与地球的半径差不多。处于演化末期的太阳的平均密度将会是水密度的300万倍。

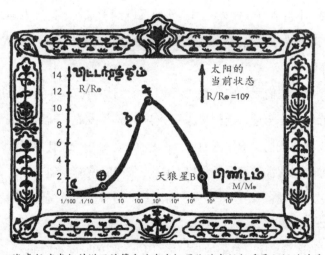

图45 钱卓拉塞卡与科塔里计算出的冷冰恒星体的半径与质量之间的关系。
🌙、⊕、♄和♃这四个符号分别代表月亮、地球、土星和木星。注意：当物体的质量为地球质量的46万倍时，半径会变成零！图中钱卓拉塞卡表示质量和半径的单词是泰米尔语。

由于物质破碎后具有极高的可压缩性，所以高度收缩的天体密度并不均匀，而是越到中心密度增加得越高（就像我们的地球一样）。根据钱卓拉塞卡的计算，这种情况下，这种天体的中心密度会是其平均密度的10倍，所以相应地，当太阳抵达生命的终点时，在永恒的厚冰层的包裹下，"死去的太阳"的中心区域的物质每立方厘米将重达大约30吨，这非同寻常。

白矮星

"好吧！"读者现在可能会用一种怀疑的腔调说，"这种情况的确非常寻常，但谁能保证这是正确的呢？没有赫伯特·乔治·威尔斯的时间机器，不可能有任何人能够真实地穿越到未来几十亿年来确认这个预言的准确性。但是，我只有亲眼看到衰亡的或者已经死去的太阳，我才会相信。"

当然，我们无法向读者展示太阳衰亡时的真实画面，也无法指望我们能看到完全逝去的恒星，因为它们已然不发光了。但是，我们只需要抬头看看我们头顶周围的这片星空，找到一些已经耗尽氢含量而且正慢慢走向死亡的恒星就可以。因此，我们应该能找到大量的观察证据证明，确实有一些还未走完生命旅程的恒星正靠着缓慢收缩所释放的重力能而维持着它们的剩余时光。这些垂死的恒星应该与其他"正当年"的恒星相比有很强的辨识度，因为它们的光度相对低、半径异常小、密度却非常高。

恒星中这个垂死阶段的第一个也是最典型的例子就是"天狼星伴星"。我们已经知道天狼星主星序上的一个普通恒星，它所有的特性跟我们的太阳很相似。然而，现在使我们感兴趣的并不是天狼星，而是大犬眼中那颗恒星，它以极近的距离围绕着天狼星旋转，但是它的亮度要比天狼星暗13,000倍。靠近天狼星的这颗暗淡的恒星因为光度太微弱，直到1862年才被克拉克发现。这颗恒星存在的第一个迹象是在对天狼星运动的观察中发现的，天狼星在恒星之间的轨迹是固定的，天狼星作为人们眼中的一颗自由运行的独立恒星体，运行的轨道应该是笔直的，但是克拉克在观察时却发现它的运行轨迹呈现出缠绕状，说明有其他星体影响到了它的运动。

让天文学家们大为吃惊的是，这颗新发现的"天狼星伴星"所释放的光线不是这种光度的恒星本应该发出的红色，反而却相当白亮，说明它的表面温度大约有10,000度。"天狼星伴星"以及后来发现的一些相同类型的其他恒星，都因为具有这种辐射特点而且整体光度又很低，所以获得了一个富有诗意的名字："白矮星"。

我们很容易发现"天狼星伴星"的这些观测特点与上述我们对衰亡恒星做出的理论要求非常相近。如果一个恒星体的表面温度非常高（所以相应地每单位表面所释放的能量也很高）但绝对光度却非常低，我们就能认定该恒星体的几何尺寸明显小于普通恒星。根据"天狼星伴星"的总光度和表面温度，我们很容易就能推断出其表面积比我们的太阳小2500倍，而半径却比太阳小50倍[1]。

另外，根据其绕着天狼星旋转的周期可以推断，这颗白矮星的质量几乎与太阳的质量相等（太阳质量的95%），因此这颗恒星的平均密度就会非常高，是水密度的20万倍。所以，我们看到之前做出的纯理论

1.相较于研究它们的表面温度，按照爱因斯坦的高重力势能相对论，通过测量谱线红移能得出更精确的白矮星半径值。由于白矮星的质量很大，但半径很小，所以它们的光谱红移幅度会相对较大而比较容易测量。如果质量已知，那么这种办法可以准确地评估出它们的半径。本书中给出的数据都是按照这种办法评估得出的。——作者注

推测与R·H·福勒率先提出的理论一样：白矮星其实就是处于塌缩状态的恒星。

如果我们按照所观察到的质量和半径将"天狼星伴星"标注在塌缩恒星体的理论曲线上（见图45），就会发现其当前半径仍是其终态时应有半径的2.5倍。这一事实表明，这颗特殊的白矮星目前还没有到达其收缩的最后阶段，或者目前对其半径的评估至少错了2倍。

太阳什么时候衰亡？

几十亿年之后，等到太阳衰亡时，看起来会跟现在的"天狼星伴星"差不多，这一点毋庸置疑。在这个遥远的未来，从地球表面上所看到的太阳可见角直径会与木星现在的可见直径几乎相同，所以无知的观察者可能会把太阳当成是远方一颗极亮的恒星。

尽管这颗"太阳-恒星"的角直径很小，但与天空中其他一切恒星相比，它发出的光线还是非常强烈。地球表面在午时的亮度会比满月时的亮度高1000倍，但月亮本身会由于太阳衰亡而无法继续反射大量日光，导致月亮无法再被人们看到。地球上的温度会降到零下200℃（−328℉），地球表面的一切生命都将无法生存下去。但是黑暗和寒冷所造成的一切不便可能对于人类来说并不重要，因为就像我们在第五章中看到的，在太阳还没有开始其最后的收缩时，人类早就都被不断增加的太阳活动所发出的热量给烧死了。

第九章 我们的太阳是否会爆炸?

新 星

对于我们人类来说，前述章节讨论到的恒星在演化过程的变化都会进行得非常缓慢，至少需要几百万年才能发生明显变化。因此，同样对于我们的太阳——逐渐升温，并在达到最大的光度再进行最后的塌缩——这些变化对于我们地球生物来说也只是纯理论上的事情。但是，对天空的观测却显示很多导致恒星状态发生彻底变化的事件会在几天甚至几个小时之内发生。

相当意外的是，在没有任何预兆的情况下，恒星会突然爆炸，导致其瞬时亮度会比正常亮度高出成百上千倍甚至几十亿倍。恒星在爆炸前非常暗淡、非常不显眼，但却会在爆炸时突然成为天空中最亮的星星，从而引起天文学家和迷信人们的注意。但是，这种极亮状态并不会持续太久，当迅速达到亮度峰值之后，爆炸后的恒星亮度就会逐渐消退，并在一年左右恢复到原来的亮度水平上。

早期望远镜观测到的这类恒星爆炸，因为人们在观察时未能注意到相关恒星的原始状态（因为在大多数情况下用肉眼根本看不到它们），所以看到爆炸时的恒星就得到了稍微具有误导性的名字——"新恒星"或者"新星"。古代历史确实有许多关于这种极亮新星出现的记录，特别是"伯利恒之星"有可能就是这些宇宙灾难的表现之一。

到近代，著名的丹麦天文学家第谷·布拉赫在1572年11月观察到了一次闪耀的恒星爆炸，在其光度的高峰时段，人们甚至在白天都能看到它。不久之后，到1604年，又出现了一颗明亮的新星，人们通常会把这颗恒星与提出行星运动定律的约翰·开普勒联系在一起。继这两位天文史上的杰出人物发现这两次耀眼的爆炸之后，天空在相当长的一段时间内都非常平静，直到1918年，人们第一次使用现代观测办法在天鹰座中观测到有一颗恒星在一段时间内非常明亮，甚至比天狼星都要亮（照片ⅧA）。

但是，我们必须要清楚，除了这些耀眼的新星之外，肯定还有大量的恒星爆炸，只是因为它们距离我们太远，并且不那么明亮，所以无法被我们观测到。通过现代摄影术对天空进行的系统性观测表明，我们的恒星系统中每年至少会发生20次这样的恒星爆炸。

两类恒星爆炸

我们从上述章节已经知道新星的观测亮度差别非常大，有些非常亮甚至在白天都能轻易看到，而有些只能借助天文望远镜才能观测到。在很大程度上，这些差别是由于爆炸的恒星离我们的距离不等所造成的，所以如果能调整一下它们的距离，我们会发现这些爆炸大部分的光度还是很接近彼此的，平均都是太阳正常光度的20万倍。

但是，这些并不包括"伯利恒"或者"第谷"这两颗新星这样的特别情况，因为它们已经相当亮。天文学家W·巴德尔和物理学家F·兹威基翻阅关于这两颗新星的所有现存历史数据后，总结出了一个有趣的结论：我们在这里处理的这两颗恒星是完全不同类型的恒星爆炸，这种类型现在被称作"超新星"。这些"超新星"的最大光度比新星的最大光度平均要大10,000倍，而且比太阳亮几十亿倍。历史上观测到的大部分新星也许都属于这种类型，其中1604年发现的"开普勒恒星"显然是我们恒星系统内发生的最后一次这样的爆炸[1]。

另外，巴德尔和兹威基还根据历史数据评估出，在我们的恒星系统中，大约平均每3个世纪就会出现一次超新星。从最后一次"超新星爆炸"至今已经有336年之久，但是在我们的恒星系统中，还没有出现过类似的灾难，所以我们估计现代天文学家很快就能有幸观测到与"伯利恒"、"兹威基"和"开普勒"恒星类似的现象了。

"天文学家开了一个多么糟糕的玩笑，"读者可能会这样想，"没想到超新星现象如此罕见，需要等上几个世纪才能看到一次。如果想要收集这类爆炸的观测证据，我们至少还得再等几千年了。"

但是真实情况根本也没有那么糟糕，在下面的章节中，我们可能会看到，我们的恒星系统中有大约有400亿颗恒星，而且在无限的宇宙中肯定还有不止一个这种类型的系统。

在非常遥远的地方，比距离的我们系统最远的一颗恒星还要远很多的地方，天文学家观测显示还有很多恒星自由地漂浮在无穷无尽的宇宙空间中。从地球上看，这些遥远的恒星系统就是若隐若现的规则球形或者椭圆形星云，天文学家们把它们叫作"银河系外星云"[2]。通俗文学给它们取了一个更恰当的名字——"宇宙岛"。截至目前，我们已

1.1918年发现的天鹰座新星是一颗普通的新星，只是距离我们比较近，所以才看起来很亮。——作者注

2.对这些天体使用"星云"一词可以追溯到它们被认为与真星云相似的时候，也就是我们星系内的宇宙空间中是由稀薄的发光气体组成的。（与照片XI比较）。现在我们可以毫无疑问地确认这些"银河系外星云"其实就是聚集在一起的几十亿颗恒星。——作者注

经发现并分类记录了成千上万的这样的遥远星系，类似于我们的银河系恒星系统，而且最强大的高倍望远镜显示在宇宙最远处的角落里，还有数量众多的这种"恒星岛"。

现在，兹威基博士看着"银河系外星云"清单，心想如果这些恒星集合真正与我们的系统相似，它们肯定也存在超新星现象。而如果每个星云平均每300年都会出现一次超新星爆炸，那么我就有相当大的机会在暑假之前找到一颗超新星。

从分类清单中找出几百个方便观察的"银河系外星云"之后，兹威基博士开始了他的系统性观测，几乎每天晚上他都会选定几处星际区域进行摄影，但是在接下来的几个月里，观测到的任何星云都没有发生任何变化，直到1937年2月16日的夜晚，他在其中的一个星云中看到了一个绚丽的闪烁。不知道当兹威基·约德博士发现他的第一颗超新星时，是否高兴地哼唱出了他的家乡小曲，因为这也情有可原。

是的，这就是一颗超新星，是N·G·C 4157星云中发生的一次可怕的爆炸，距离我们非常遥远，有$4×10^{19}$公里。严格地说，在兹威基还没开始研究之前很久就已经发生了这个真实的爆炸，那时地球表面上可能甚至都没有人类出现。从N·G·C 4157星云发出的光到达地球这么远的距离需要400万年，所以兹威基通过望远镜观测到穿过虚无的宇宙空间的爆炸光线，并将影像公布在《太平洋天文学会》刊物的一篇文章中肯定也是爆炸发生400万年之后的事了。

自首次成功之后，天文学家们又在或远或近的各种"银河系外星云"中观测到了20多个相当成熟的超新星现象（见照片Ⅷ_B）。

太阳爆炸的可能性

当我们看到浩瀚星空一颗相当平和的普通恒星,它与其他数十亿颗恒星没有什么区别——突然在几个小时之内——爆发了可怕的爆炸。我们脑海中不禁就会产生这样的疑问:今天、明天或者是明年,我们的太阳是不是也会玩同样的伎俩呢?如果太阳选择在致命的某一天成为一颗新星,那么地球(以及所有的其他行星)会在瞬间变成稀薄的气体,发生得如此迅速以至于我们根本没有时间去想到底发生了什么。唯一可能发生的事情就是,来自在遥远的其他行星系统中的另一颗恒星,如果有的话,只有天文学家会记录下新发现的这一颗新星,并可能对其光谱展开研究。但是,在突然发生这种恐怖情况之前,我们或许可以饶有兴致地研究下这种情况发生的概率有多少,看看是否有任何可能能提前预测到这个灾难发生的日期[1]。

首先,我们必须承认太阳在相当漫长的生命周期中也很有可能会突然变成一颗普通新星。事实上,我们已经看到在我们的恒星系统中每年至少有20颗恒星会发生爆炸。因为我们的宇宙大约已经20亿岁了(见第十二章),所以这一期间内大约有400亿颗恒星已经爆炸了(除非,这些爆炸只是到现在才频发,但这是相当不可能的)。另外,就像我们从下述章节中看到的一样,我们的恒星系统中只有400亿颗恒星。所以,我们据此推测每颗恒星在其演化的过程中至少会发生一次爆炸。但是,太阳在未来几年爆炸的先验概率只有几十亿分之一,所以比起其他对人类不利的不愉快事件发生的可能性,这样的爆炸发生在我们人类身上的可能性要小得多。

1.当然,除非我们能在爆炸之前将我们的地球从太阳系中分离出来,然后成功逃离,否则这种预测也没有什么实际意义。——作者注

还有，也许每颗恒星一生中只能爆炸一次，而我们的太阳已经在非常遥远的过去之前就发生爆炸了？在还没弄清楚导致这种灾难的物理过程的本质之前，我们很难回答这个问题。

俄罗斯有一句谚语："如果你非死不可，那就死得轰轰烈烈。"我们可能会想我们的太阳或许在爆炸后不会形成一颗普通新星，而会形成超新星。虽然这对于我们个人来说没有什么差别，但是从外部看，成为超新星会更好一些！但是，让我们的太阳发生一些超级爆炸似乎有点勉为其难了。因为超新星现象非常罕见，只有特定的恒星才有特权展示如此灿烂的烟火表演。我们在之后的章节就会看到，这些超级爆炸现象只有发生在这样的情况下，也就是那些恒星要比我们的太阳大很多，而且也要重得多。因此，我们只能满足于通过宇宙中相对不太显眼的新星来宣告我们在宇宙中的终结。

恒星的爆前新星阶段

要确认我们的太阳目前是否处于爆炸前状态，一个最直接的办法就是将太阳的特点与之后会成为新星的那些恒星的特点进行对比。通过这种比较，我们甚至有可能获知马上要爆炸的恒星的具体特征，而如果我们的太阳没有这些特征，说明太阳会在相当长的一段时间内保持稳定。

然而，不幸的是，目前我们对爆炸恒星的爆前新星阶段所知甚少。在几个相当明亮的新星案例中，通过研究在爆炸前拍摄的所对应的星空区域的旧照片，我们通常会发现在出现新星同样的位置上以前都存在一颗暗淡的恒星。另外，通过评估距离我们推断得出：在一些情况下，这个爆前新星有时候拥有与太阳不相上下的绝对光度，而在有些情况下，又会明显低于或高于太阳的绝对光度。但是，由于没有人预先知道这些特殊的恒星将要爆炸，所以也就没人详细研究过它们的光谱和其他特征。

1918年，只有在北面天空闪烁的天鹰座新星的光谱曾在爆炸前被偶然拍摄到。光谱图片显示这颗恒星在爆炸之前与主星序的任何其他恒星没有什么区别。实际上，它的绝对光度和光谱特征非常接近我们的太阳。难道这意味着我们的太阳会在不久的将来注定会发生爆炸？不一定。首先，按照天文学的时间尺度，"不久的将来"也意味着是几百万年之后。并且，另外，天空中还有几百万恒星有着同样的特点但并没有发生爆炸。

显然，恒星即将爆炸时可观测到的表面特点并不会发生太大的改变，但即使会给出一些微小的改变，我们也无法观察到。新星天鹰座1918的这个案例告诉我们，会爆炸的恒星不一定必然拥有明显而反常的外部特征，并且一颗看起来完全正常的普通恒星，如果它选择要这样做，也会发生可怕的爆炸。

值得注意的是，超新星的爆前状态很难被观测到。事实上，除了历史上发生的少数爆炸之外，它们都发生在遥远的恒星系统中，它们的距离实在太远了，所以我们无法观测到单个的恒星状态。在这些遥远的恒星系统中，只有达到亮度峰值的超新星才能被清晰地观测到。因为这类爆炸所释放的辐射是相当大的，与构成这些系统的数十亿颗其他恒星的总辐射相当，在某些情况下甚至会超过后者[1]。

1.实际上，因为超新星平均比正常的恒星要亮几十亿倍，同时由于"银河系外星云"中也有几十亿颗恒星，所以出现超新星时，这个星云的整体亮度就会翻倍。——作者注

爆炸过程

正如上述我们已经提到的,新星爆炸的主要外部特征就是该恒星的光度会在短时间内极速提升,然后再降到原来的亮度水平上。图46中,我们已经给出了新星天鹰座1918以及1937年在"银河系外星云"中观测到的超新星I·C·4182的光度曲线(显示后者变化的影像请见照片ⅧB)。从中我们看到,除了振幅外,两条曲线的特点非常相似,辐射都是在开始有一个急速的上升,并在达到峰值后开始稍微不规则地缓慢下降。

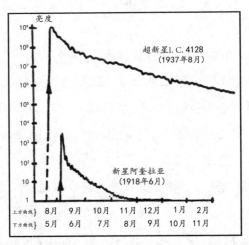

图46 以太阳光度为基数(=1),一颗典型新星和一颗典型超新星的光度变化曲线。

爆炸时发生的另外一个重要变化就是恒星的表面温度和光谱。而且在爆前新星阶段,所有的恒星显然都属于哈佛光谱分类系统中的一种,而且具有一个普通光谱。但是在爆炸过程中,这颗恒星的光谱特点会发生彻底变化,说明温度飙升到了成千上万度,但没有上升到几百万度。但是对这些爆炸光谱的研究还显示了另外一种极其有趣的效应。新星明亮的发射谱线明显会朝着光谱的紫色端移动，说明爆炸过程中在恒星周围形成的气体外壳会快速扩张。

天鹰座新星1918就是一个最好的学习案例，据估算，它的外壳扩张的速度约为2000公里/秒，爆炸6个月后就能直接通过望远镜观测到。现在，该星外面包裹着的暗绿色星云状物的直径正在以2角秒/年的速度增加。如果这个扩张速度保持不变，并且预计从现在起1000年之后，在这个时间过程中，这个不断消退的壳的直径会跟月亮的直径差不多。

天文观测还偶然发现很多明亮炙热的恒星外围包络着大量的气体。这些所谓的行星状星云（又一个相当不恰当的名字！）是否代表新星发展的后期阶段，这个问题还没有答案（见照片IX）。

在这里，我们不能不提到金牛座中的不规则气体星云[1]，因形状怪异而被称为"蟹状星云"，先说说这个星云，否则没法继续下文了。目前，这个星云正在以0.18角秒/年的速度快速扩张，我们据此判断这个扩张肯定是在八九百年前就已经开始了。构成"蟹状星云"的大量气体来源于当时在天空中闪烁的一些新星还是效应强度可能显示的超新星？中国11世纪的手稿显示当时确实发生过一次明显的恒星爆炸，公元1054年就在我们现在所看到的奇怪星云的位置上发生的爆炸。所以，毫无疑问，"蟹状星云"就是886年前观测到的超新星爆炸的结果。

另一个有趣的案例就是天鹅座中的"丝状星云"（照片X）。这个形状像圆弧的星云与其他类似的星云一起组成了一个相当规则的角直

1.这里，我们再次提醒读者，巨大的"银河系外星云"是由恒星构成的，虽然名字与我们恒星系统内部发现的较小"气体星云"很相似，但它们绝对不同。——作者注

径约为2度的圆环（月亮直径的4倍）。组成圆环状的星云以每年0.05秒的角速度从中心向外移动，所以扩张肯定是从10万年前就开始了。这也可能是一颗超新星爆炸的结果，但是不幸的是，公元前10万年，即使是在中国，也没有哪个天文学家记录是否出现了新星。

最近G·P·柯伊伯在耶基斯天文台的观测显示，这个"烟圈的扩大"不只是恒星爆炸的结果。武仙座新星1934出现几年后，当用望远镜再观察的时候，明显发现这颗恒星当时被炸成了两部分。现在这两个部分每年正以约0.25角秒的相对速度相互远离对方，预计到公元9130年，它们之间的视距会与月亮的可见直径差不多（0.5度）。在图47中，我们给出了该恒星爆炸形成的两个部分之间可观测到的相对距离。

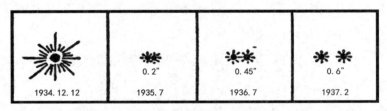

图47　1934年12月12日，武仙座新星爆炸形成的两个部分之间的距离不断增加。

恒星爆炸的诱因是什么？

导致看起来正常的恒星爆炸的物理过程是什么？我们不得不承认现在我们还不知道，只能猜测有哪些条件可能会造成这些灾难性事件的发生。

最古老或许也是最简单的假设是，所观测到的那些爆炸都是由于外部原因造成的，比如恒星在空间运行轨道上与障碍物相撞。但是，大家都知道，由于太空中的恒星非常稀少，所以恒星相撞的几率非常小，可以忽略不计。事实上，根据计算，在过去的20亿年中，我们的恒星系统中可能只发生了两到三次这样的碰撞。

但是，我们知道星际空间中包含大量的稀薄物质，都是单个恒星形成时产生的残余。这些星际星云都是气体星云或尘埃星云，形状非常不规则而且很特殊，它们被附近恒星发出的光照射后，常常会形成巨大的发光星云（见照片XI）。在其他情况下，它们很暗（见照片XII），只能通过它们对后星造成的遮蔽效应观测到。银河系中有两个著名的黑洞，被天文学上的航行者称为"煤袋"，它们就是典型的黑暗星云。

一颗在太空中快速移动的恒星一旦进入这种稀薄的物质云团中，就会像流星进入我们的地球大气中一样，散发出耀眼的光芒。事实上，如果恒星移动的动能转化成热量，那么就能像处于亮度峰值期的新星一样发出巨大的辐射。例如，如果我们太阳的移动速度因受到少量这种气云的阻力而发生减半（太阳目前的移动速度是19公里/秒），那么所释放出的动能足够让太阳的亮度在几周的时间内维持几百万倍的增幅。

可是，这个简单的假设很难解释清楚为什么观测到的所有新星爆炸都极其相似。因为不同的恒星遇到的气体星云的密度和几何尺寸差异很大，所以很难解释为什么它们会有如此惊人相似的效应。另外，还应注意的是，尽管这个纯动能假设能够解释普通新星所产生的能量，但绝对不适用于释放超能的超新星。

如果我们用对恒星正常生命非常重要的核转变来解释恒星爆炸问题，就必须找到一些特殊的热核反应，当演化中恒星的中心温度达到一定数值之后会突然爆发的热核反应。理论上，这种"爆炸元素"应该只需要少量就能释放出一颗普通新星甚至是超新星所需要的能量，但是到目前为止我们还没有找到可能的这种反应。

所以，我们必须承认我们不知道为什么恒星会爆炸，而且我们也不确定太阳会不会在不久或遥远的未来变成跟武仙座新星一样的新星。我们希望不会。

超新星及物质的"核状态"

当兹威基证明这些恒星确实会发生巨大的灾难时，马上针对超新星这种特殊的情况提出了一种全新的爆炸机制可能。为了理解兹威基的假设，我们必须回到我们对超密度恒星的讨论上，见第八章，我们在该章节中看到，当热核反应所需的氢消耗殆尽之后，所有的大质量恒星都一定会收缩成一个小半径高密度的天体。

在第八章中的图45中，我们还形象地说明了塌缩恒星的半径取决于它的质量，是质量的方程，随着质量的增加半径就开始变小。当看到这个图解时，认真的读者可能已经注意到表示半径–质量关系的这条曲线并没有朝着大质量的方向无限延伸，当质量达到太阳质量的1.4倍时，半径变成了0。这说明质量是太阳质量的1.4倍或者更高的那些塌缩天体的最小半径是0。换句话说，所有具有足够质量的恒星都会无限制地进行收缩。由于这些质量非常大的恒星（重星）的外层重量如此大，以至于内部的费米电子的气体压力无法让它保持平衡，所以两者不会形成稳定的平衡并进而形成一个有限的半径[1]。

当一颗重星收缩成数学意义上的一个几何点时会发生什么？俄罗

1.当然，读者肯定还没有忘记，这些情况仅限于那些已经耗尽氢含量而依靠收缩所产生的重力能存在的恒星。所有年轻力胜的恒星都拥有足够的氢含量，所以热核反应能生成足够的能量来维持其中心温度，也有足够高的气压来维持其稳定。——作者注

斯年轻的物理学家L·D·朗道首次回答了这个问题，他指出当构成恒星物质的单独电子和原子核之间的距离与它们的直径相等时，这种收缩必然会停止。当压缩到这种程度时，核子与电子已经有了直接接触，会像聚到一起的水银滴那样黏合在一起，并最终在恒星内部形式一个连续的"核物质"（见图48）。

图48 在高压下形成的"核状态"物质（与图43比较）。

按照假设形成的这个高"硬度"的物质最后肯定会停止收缩，并在最后达成平衡的重星内部形成一个巨大的核子，与普通的原子核非常相似，只是直径有几百公里罢了。由原始的中性原子破裂释放出的原子核以及电子组成的这个恒星核会在整体上呈中性，同时密度会是水密度的几万亿倍[1]。

1.水原子核之间的平均距离是10^{-8}厘米，而核物质中的组成物质之间的距离缩减到了10^{-12}厘米。这种超过10000倍的线性压缩会将密度提高10^{12}倍，即1,000,000,000,000)。——作者注

由这种高密度物质组成的一颗小的粉尘颗粒都能重达几吨！但是，我们必须要清楚的是，这种"核状态"的物质只能存在于因承受巨大压力而不断塌缩的重星内部，一旦脱离这些区域，它们会马上膨胀，分裂成单独的核子和电子，组成不同的稳定化学元素的原子。

现在，让我们回到兹威基博士针对从超新星中观测到的灾难性事件而提出的假设上，他的大致意思是说，我们所观测到的剧烈的重星崩塌就是由于重星内部生成的这种"核状态"物质而造成的。可能刚开始时，恒星内部的裸原子核为了保持中和状态，在这个过程中不断吸收因受外在压力而挤在它们周围的自由电子，然后这些中性粒子又黏合在一起形成了一块坚硬的核物质。按照这种塌缩过程，一颗恒星的半径可能在几个小时之内就缩减到原来半径值的百分之一，并释放出大量的重力能，足以解释超新星所释放出的强烈辐射。来自爆炸恒星内部的强大辐射压力会驱散其外部的包裹层，在周围形成环绕爆炸恒星的膨胀壳（图49）。

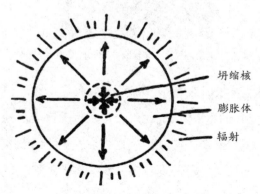

图49 超新星中央区域的崩塌。

尽管这个关于超新星爆炸的解释非常具有说服力，但是到目前为

156

止，这还只是一个有趣的假设，因为至今还没有对这种崩塌问题进行过严格的理论推理。但是，我们预计再过几年，这个关于行星演化的最后一个谜团就能得到一个满意的答案了。

第十章 恒星与行星的形成

恒星 "气滴"

我们已经多次提到，所有的恒星在演化初期都是极其稀薄的相对低温的气态球体，之后由于它们发生重力收缩才变得炙热和明亮。曾经，在宇宙的开端，这些稀薄的恒星肯定占满了宇宙的每一个角落，类似于一种连续的气体。之后，由于一些不稳定的内部作用力，这个连续的气体就开始分裂成很多单独的云团，或者可以说成是"气滴"，然后各个云团就逐渐收缩成了现在我们所知道的恒星（图50）。

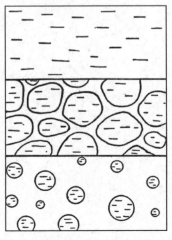

图50 连续气体中形成的独立恒星。

导致连续的宇宙气体断开的潜在的物理条件是什么? 例如, 为什么普通大气就不会发生同样的现象? 如果充满房间的空气聚集成许多的"空气滴", 并产生很多的真空空隙, 确实也会非常奇怪。

这两种情况产生这种差异的原因并不是因为构成恒星的气体具有某些特殊的物理或化学特性[1], 而完全是因为相较于一个普通房间的空间, 甚至是地球大气的厚度, 星际空间实在太大了。如果在一个房间内或者我们地球周围的大气中的一些气体偶然开始集中到某一区域, 那么这一点上不断增加的压力会马上把这些气体分散开, 让它们回归到原始状态。所以, "空气滴"这个小萌芽完全没有机会发展壮大成更重的浓度[2]。

但是, 如果这个小萌芽足够大, 那么它的各个组成部分就能在相互引力的作用下吸引到一起, 并最终在引力的作用下开始进一步收缩。英国物理学家和天文学家詹姆士·金斯先生的计算显示, 如果气体所分布的空间区域足够大, 那么必然会常常形成这种小萌芽。在大气空气中, 可以"依靠自身力量聚在一起"的小萌芽的直径必须要达到几百万公里, 所以房间里或者我们地球外围的薄薄的大气层中才无法形成"空气滴"。但是, 很久以前, 在无穷无尽空间中弥漫的稀薄气体肯定就有条件了。

目前, 当构成单独恒星的所有物质都均匀发布到太空中后, 其平

1.当然, 原始气体肯定比空气热很多, 因为它是由不同元素的蒸汽组成的。但是, 这不会从本质上影响其作为气体的一般特点。——作者注
2.但是, 我们这里应该注意, 即使这种小萌芽也会对我们的大气产生重要的影响。因为这种密度波动会造成空气分布不均, 从而导致穿过大气的阳光发生散射, 让我们头顶的天空在白天看起来更蓝。如果大气空气的分布绝对均匀, 那么天空就会一直是黑色的, 那样即使是白天我们也能看到星星, 但反过来却看不到美丽的落日了。——作者注

均密度就会非常低，只有水密度的10^{-22}倍。在这种密度条件下，当温度达到几百度时，引力就能把气体分成单独的球体，每个球体的直径大约为两到三光年，质量约为10^{30}千克。当受到引力作用继续收缩后，这些气体就会变成现在我们在天空中看到的普通恒星。

需要强调的是，大质量气体因为引力的不稳定性而形成恒星的过程，在有些情况下还会创造出比我们所知道的恒星大得多的天体。但是，这种"巨星"会因为其中心温度和内部的核能生成而变得非常不稳定，然后最终会分裂成许多小天体。

造星过程目前是否还在继续？

根据最详细的评估显示，恒星宇宙的年龄已经有20亿岁了，这从侧面告诉了我们连续分布的原气体大概是在什么时候分裂的。但是，恒星的形成过程是不是到现在已经彻底完成了，还是现在也有一些新的恒星（不是新星，而是真正意义上的新恒星）正在形成？

对我们系统中不同类别的恒星全部进行研究之后的结果显示，确实有一些恒星比宇宙中的其他恒星要年轻很多。例如我们在第七章中看到的，所谓的红巨星代表了还在演化初期的恒星。尽管我们断定这些年轻的恒星肯定形成于地质年代期间，但这些恒星它们的年纪应该不会超过几百万岁。处于演化早期的一个最典型的例子就是我们之前已经讨论过的红外线恒星ε御夫座I，该星目前很可能仍然还处于最初的收缩阶段。

另外，主星序中那些最亮的蓝巨星也是相对较年轻的恒星。确实，考虑到它们的亮度极高，并且它们的预期总寿命相对较短，根据我们现有的知识，我们肯定能推断认为它们是我们的恒星系统中相对年轻的一辈。例如，29大犬座或AO仙后座每克质量所产生的能量是我们的太阳每克质量所产生能量的20,000倍，而且它们的原始氢含量会在500万年之内就被用光。当我们的地球表面出现巨型爬行动物时，这些恒星肯定还没有出现在我们的天空中。

当然，星际空间中并不缺乏弥散的气体物质（气体星云），所以我们认为造星过程肯定还在继续，尽管可能会比恒星主体形成时的规模要小得多。

白矮星的起源

当我们将不同类型恒星的年龄与整个恒星宇宙的预估年纪进行比较时，我们还碰到了与红巨星和蓝巨星相反的案例，这些恒星看起来比它们可能的实际面貌要老很多。我们在第八章已经知道，所谓的白矮星就是那些已经耗尽它们核能源的恒星，就这个意义而言，当我们的太阳耗尽其原始氢含量之后也会演化成它们的模样。但是，我们也看到跟太阳一样大的恒星需要几十亿年才能演化到这个阶段，而太阳从出生到现在只耗用了其原始35%氢含量中的1%。

那么，这些恒星，比如天狼星伴星，是怎么耗尽其内部的氢，然后慢慢衰亡的呢？很难假定它们从一开始就没有足够的氢，因为宇宙中的化学元素好像混合分布得非常均匀。另一方面，这些恒星的年龄也不可能比宇宙更大。简而言之，恒星宇宙似乎太年轻了，不应该有白矮星这样年老衰败的恒星，所以天狼星伴星出现在恒星家族就好像一位白胡子老人躺在产房的婴儿床里一样让人惊诧。

作者感觉如果要解释为什么在恒星宇宙演化的现阶段出现可观测到的白矮星，我们只能假设这些恒星从来没有年轻过，它们只是快速演化的重星在崩塌时产生的碎片，这样才能说得通。在恒星宇宙形成时产生的那些大质量而且明亮的恒星肯定早就耗尽它们的氢含量并开始最终的收缩过程了。我们在之前的章节中已经看到，这些比太阳重好几倍的恒星收缩时很可能会突然塌缩（见兹威基对超新星的解释），分裂成几个小块。这些在久远的过去由恒星爆炸形成的碎片可能就是我们现在在恒星系统中观测到的白矮星。

关于行星

当人们刚开始以科学的态度思考世界的起源时，他们主要关注的都是与我们的地球和太阳系中其他行星相关的问题。到现在，虽然我们已经掌握了关于不同恒星起源的很多知识，也严肃认真地讨论了整个宇宙是如何诞生的，但奇怪的是，大家都还不太清楚地球是怎么形成的。

一个多世纪以前，德国伟大的哲学家伊曼努尔·康德阐述了第一个被科学界认可的关于行星系统起源的假设。之后法国著名的数学家皮埃尔·西蒙·拉普拉斯又进一步完善了这个假设。根据这一假设，这几颗行星是在离心力的作用从刚开始收缩的太阳主体中分离出来的气环（图51）。按照我们现有的知识，这个简单而有趣的假设肯定不成立，它会遭到严厉的批评。

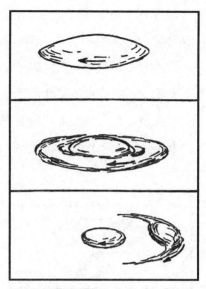

图51 康德−拉普拉斯关于行星形成的（不正确）假设。

首先，数学分析显示自转的太阳在收缩时周围形成的气环肯定不会浓缩成一个单一的行星，而是会产生跟土星环相似的很多小天体。

其次，更何况按照康特−拉普拉斯假设，太阳系全部自转角动量的98%与主要新星的运动有关，而与太阳自转相关的只有2%。这么高比例的自转角动量都集中在喷射出的气环中，而原始的自转主体却几乎没有任何的自转角动量，这是很不合理的。因此，（就像张伯伦和莫尔顿第一次做的）我们有必要假设行星系统中的自转角动量来自于外部，同时行星是由于太阳邂逅其他大小相当的恒星体而产生的。

我们一定可以想象，曾经的曾经，当太阳还只是孤零零的一个人，它在太空中旅行的时候碰见了另一个类似的星体，然后才产生了现在的行星家族成员。行星的诞生并不需要任何物理接触，因为即使两个星体之间的距离还相当远，它们之间的相互引力也会让对方朝着自己的方向生成巨大的隆起(图52)。这些隆起其实就是巨大的潮汐波，当它们的高度超过一定的限定值，就会沿着两个恒星体中心之间的直线破碎成几个单独的"滴状物"。两颗母星之间的相互运动肯定会导致这些初生的气态行星也可以快速自转。当父母分开后，它们各自就会生成一个快速自转的行星系统。另外，恒星表面的潮汐波也会强迫恒星朝着它们行星自转的方向缓慢旋转，这就解释了为什么太阳的自转轴与行星轨道轴如此重合了。

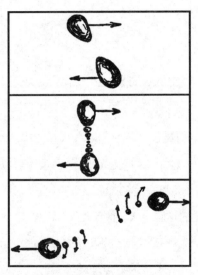

图52 关于行星形成的"肇事逃逸"假设。

　　一想到是在星际空间中移动的一颗恒星生成了我们的行星系统，而且还携带着与我们的地球同母异父的兄妹，都觉得非常有趣。但是，由于我们的行星系统在几十亿年之前就已经出生了，所以我们太阳的配偶现在肯定已经走得很远了，而且几乎是天空中的任意一颗恒星。

　　可是，如果我们探究两颗恒星如此近距离邂逅的几率，那么关于行星系统形成的"肇事逃逸"假设也会面临诸多挑战。根据恒星之间的遥远距离以及它们相对较小的半径值，我们很容易就能算出，自它们形成之后的几十亿年间，每颗恒星遭遇这类邂逅的几率只有几十亿分之一。因此，我们不得不被迫推断认为行星系统其实是一种非常罕见的现象，所以太阳真是极其幸运才会有自己的行星系统。另外，这还意味着，在恒星系数十亿颗恒星中，太阳及其配偶可能是唯一一对有行星家庭的夫妻！

当然，现在还没有哪种高倍望远镜能直接观测到还有没有其他行星系统的存在，即使是最近的恒星也观测不到。但是如果我们太阳的行星系统确实是一种极罕见的现象，那情况就有些不妙了，尤其是我们还观测了大量的双星（有时，甚至是三星），因为行星系统的起源可不像小的卫星系统起源那么容易理解。

可是，如果我们假设行星是在宇宙形成初期紧随恒星之后形成的，所有这些难题也就迎刃而解了。我们会在随后的两个章节中看到，我们的宇宙一直处在不断扩张的状态，所以现在各个恒星之间的距离肯定比遥远的过去之前的距离要大很多。在那个时代，两颗恒星近距离邂逅肯定很常见，所以任何一颗恒星都有很大的几率拥有属于自己的一个行星系统。另外，很多邂逅的恒星可能还会（在第三体的帮助下）永久绑定，成为我们现在所看到的双星系统。

第十一章 宇宙岛

银 河

在晴朗的夜晚，我们可以轻易地发现一条若影若现的星带从天空的一端延伸到另一端。脑洞大开的古代天文学家觉得这条星带好像是从天宫的奶牛里流出的牛奶一样（尽管好像没有哪个星座的名字跟牛有关），所以就给它取名为"银河"，英文名字叫Milky Way。著名的天威学家威廉·赫歇尔通过望远镜观察后更加印证了这一比喻，结果显示就像普通的牛奶是一些微小的脂肪微粒悬浮在相对透明的液体中一样，宇宙的银河中由大量肉眼分辨不出的暗星组成。（见照片XII）。

事实上，银河系中的这些星星都聚在一条看起来稍微有些规则的环形带中，所以赫歇尔就独创性地认为这些恒星的集合体应该是一个相当厚的圆盘形状，跟精密手表一样，然后太阳就位于内部空间其中的某个位置上。图53中就清晰地展示了赫谢尔所认为的银河系形状，从中我们能看到，与圆盘主平面垂直的方向只有相对少数的恒星，大量的恒星都集中在这个平面的方向上。这个平面方向上的大部分恒星离我们都非常远，并且它们看起来相对昏暗而且数量也很庞大，所以用肉眼来看，它们就是连续分布的发光带。在一个多世纪以前，赫歇尔所提出的这个恒星宇宙图像就为人们大规模地对宇宙的后续研究提供了坚实的基础。

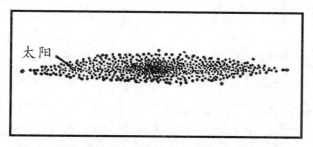

图53 银河的恒星系统构成图，其中太阳的位置有点偏离中心。

天空中恒星的数量

尽管人们描述天上的星星时，通常会说"天空有好多好多的星星"，但实际上肉眼可以看到的星星数量其实并没有那么多。事实上，我们能看到的所有星星，南半球和北半球的加起来也就6000多颗。所以，在任何时候，即使加上地平线附近能见度不高的那些星星，我们看到的星星几乎也不超过2000颗。

然而，如果我们把只能通过高倍望远镜才能看见的那些星星也加在一起的话，情况就会发生改变。如果我们按照目前现有的天文数据进行理解，上述说法就会变得更加合理。荷兰天文学家卡普坦仔细认真地研究银河之后，认为加上最远最暗的星星，银河系中大约有400亿颗星星，这个数量就相当庞大了。

当然，并不是银河中每一颗星星都像天狼星或五车二一样有属于自己的名字。这并不是说人们找不到这么多的名字来命名所有的星星，因为由字母表上26个字母组成的长度为8个字母的单词的个数就足够来命名，只是要给银河系中所有的400亿颗星星都取上名字会非常耗时，即使一秒钟就能取一个名字，我们也需要1700年才能完成这项取名工作。

恒星系统的规模

天狼星距离我们有52万亿英里远，按照光的速度，18.6万英里/秒的速度计算，需要8年才能抵达天狼星。但是天狼星已经算是较近的恒星了，银河系中距离我们最远的恒星，光通常也需要走几千年才能到达。事实上，为了方便起见，天文学家以光年[1]为单位来表达恒星之间这些遥远的距离。

经过认真测量，卡普坦得出结论，我们银河系中的400亿颗恒星分布在一个直径为10万光年、厚度为1万光年的镜片状的太空中。当然，这个透镜状的银河系的界限并不是特别明显，因为恒星的从外部到中心区域的分布会越来越稀疏。所以，在上述说明的界限之外几倍远的地方可能还能发现一些恒星。

我们的太阳及其行星系统就位于离镜片边缘不远的地方，非常靠近赤道平面，距离中心约3万光年。银河系的中心应该聚集着非常多的恒星，因此光度也会相当大，经研究发现，这个中心位于银河穿过射手座的位置上。

不幸的是，恒星生成时留下的大质量低温气体和灰尘构成的一些星际乌云[2]位于银河系中心和太阳之间的太空中，让我们无法观测到这个极具趣味的区域。

1.1光年相当于9，463，000，000，000公里或5.9万亿英里。——作者注
2.所谓的"黑暗星云"的一种，对照照片XII）

恒星在银河系中的移动

古代天文学中将组成"天体球"中不同星座的恒星叫作"固定星",与之相对的是"漫游者"或"行星",它们以相对较快的速度在"固定星"之间漫游穿梭。我们现在知道,这些所谓的"固定星"也在太空中移动,实际上,它们移动的速度甚至比行星还要快。可是,由于这些恒星距离我们太远,虽然它们的绝对速度很高,但在我们看来就只是从原来的位置发生细微的角度变化而已。但是根据几年前拍摄的恒星天空照片,我们现在就能够注意到这些细微的位置变化,并能预测我们的天空在遥远的未来会是什么样。

例如,在图54中,我们给出了在大熊座,也就是大家熟知的北斗七星中,注定会发生的变化。从天文学角度看,天空的整体外貌只需要短短几十万年的时间就能发生一次彻底的变化。如此一来,我们就知道几万年前当长着欧洲面孔的尼安德特穴居人在捕猎狗熊和长毛象时,它们头顶上空的恒星模式与现在我们所看到的完全不一样。因此,遗憾的是,这些史前的穴居人用追逐的艺术图画装饰洞穴墙壁时,史前人类从未想过要画出恒星天空的图像,它肯定会为现代的天文学家省去很多麻烦。

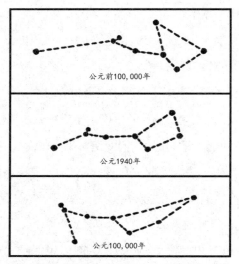

图54 大熊座(北斗七星)在20万年之内发生的变化。

　　我们可以顺带说下,虽然各个不同的恒星在太空中的运动完全没有什么规律,而且彼此独立,互不干扰。但是,在很多情况下,恰好可以构成一个给定星座的恒星似乎在整体运动,例如大熊座(图54)的七颗恒星中就有五颗明显是朝着一个方向移动的,而且它们的相对距离评估结果显示它们之间的距离也都非常近。另外,让整个星座看起来像北斗七星形状的两颗恒星明显与这个系统无关,它们移动的方向与其他五颗完全不同。在史前人类时代,甚至很可能不会被认为与群体的其他五颗恒星成员有关汇聚。还有一个有趣的例子就是天蝎座,我们预计构成它的众所周知的恒星群也会发生变化,如图55所示。

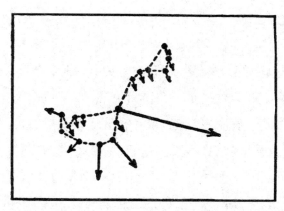

图55 天蝎座及其内部的恒星在未来10万年发生的位置变化（见箭头）。

恒星速度

我们知道恒星移动产生的角位移以及它们距离我们的绝对距离之后，就能轻易地计算出它们在与我们视线垂直方向上的线速度。这些线速度平均约为20公里/秒，但有时也能达到100公里/秒。我们太阳朝着武仙座中某个位置点的移动速度是19公里/秒。

尽管对于我们人类来说，恒星的速度好像非常快，但是如果要与太空中各分散恒星之间的巨大距离相比，这个速度就慢多了。如果太阳朝着距离我们只有4.3光年的α半人马座移动，虽然这已经是它最近的邻居了，太阳也需要走上7万年才能与之相撞。但我们其实并不用担心这种不愉快的意外，因为太空中分布的恒星密度很低，所以这种相撞的几率几乎可以忽略不计。实际上，计算显示在恒星宇宙全部20亿年的寿命中，可能只会发生为数不多的这样的相撞。

银河系自转

除了银河系中各个恒星会随机不规则地运动外, 天文观测还显示这个透镜状的系统整体也会绕着自己的中心轴缓慢自转。最新的评估显示, 银河系自转的速度为7角秒/世纪, 据此我们可以得出这样的结论——在整个地质时期, 我们的银河系已经自转了五、六圈。

尽管这看起来好像不多, 但是不要忘了这个透镜状体的尺寸非常大, 所以在这个自转角速度下, 实际上对应着外围的线速度达到了几百公里/秒。银河系最可能就是因为其自转才呈现出这种扁平的形状, 就像地球因为自转才呈现出椭圆形。

银河的年龄

如果我们还记得太阳只是银河系中为数众多的天体星系之一, 我们就一定能知道银河系的年龄不会比太阳的年龄还小, 银河系的年龄至少也得有几十亿岁了。

通过研究恒星的移动, 我们还能评估出银河系的可能年龄的最大上限值。研究显示, 受到相互引力的影响, 在有限空间内移动的所有恒星迟早会获得一个确切的速度分布, 就像麦克斯韦气体分子分布一样(参照第二章)。对构成银河系的恒星进行统计计算之后, 结果显示银河系大约会在100亿年之内形成麦克斯韦那样的速度分布。鉴于天文证据显示, 在很大程度上, 这种分布还远未形成, 我们断定恒星宇宙的实际年龄应该介于16亿年——100亿年之间。

其他"星系"

长期的天文观测表明, 整个恒星天空中几乎均匀分布着大量细长的星云物体，但是直到最近人们才确定这些所谓的椭圆状或旋涡状星云并不属于我们的银河系，而是与我们的恒星系统非常相似的类恒星系统，同时距离我们也非常远。

根据赫谢尔提出的被广泛认可的观点，这些遥远的恒星系统从外面看起来跟我们银河系的形状非常相像。我们在照片ⅩⅢ、ⅩⅣ、ⅩⅤ和ⅩⅥ中给出了几个类似的恒星系统影像，这些照片都是在威尔逊山天文台用高倍望远镜拍摄的，明显显示银河系外星云的形状也很像透镜，而且中心细长主体的周围也会有一些不规则的旋臂。虽然并不是所有的银河系外星云都有这些旋臂，但是大部分的形状都比较规则，看起来就像扁平的椭球体一样。

我们按照天文学家E·哈勃在威尔逊山对各种形状的这些星云进行了图解，如图56所示。关于这些遥远的宇宙岛，我们大部分的信息都来自哈勃。当使用倍数不是特别高的望远镜观测时，它们看起来就像是连续的发光气体（因此得名"星云"）。但是威尔逊山天文观测台上的100英寸望远镜却显示最外面的旋臂中实际上至少也由几十亿颗单独的恒星组成，这些恒星与我们银河系中的成员非常相似。但是，即使是这么强大的放大倍数，我们也无法对构成星云中心体的各个恒星进行单独观测，所以只能通过稍微有些非直接的证据证明它们的恒星性质，我们会在随后的章节中进行讨论。

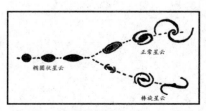

图56 哈勃对银河系外"星云"的分类。

银河系外星云的距离和规模

其他宇宙岛距离我们太远了，所以一般的天文测量距离的办法（如视差估计）完全不起作用，这也是为什么，直到最近，人们还是会错误地将这些物体放在银河的某些位置上。

在仙女座中的星云情况下，直到研究显示其漩涡是由数不清的单个恒星构成的之后，才有可能发现在这些数不清的恒星之中还有几颗造父变星。我们在第七章中已经看到，这些特殊的恒星会有规律地进行脉动，而且它们的脉动周期与光度有着直接关系。通过观测仙女座星云旋臂上的造父变星周期，就能计算出它们的绝对光度。然后，通过将它们的绝对光度与观测亮度进行比较，我们就能利用简单的反平方定律估算出它们之间的距离。

在仙女座星云中发现的所有造父变星的计算结果都一样，显示出它们距离我们有68万光年。仙女座星云的几何大小与我们的银河差不多，或者可能稍微小点，另外它的总光度据估计大约是太阳光度的17亿倍。

仙女座星云还是距离我们银河系较近的星云之一，所以它的巨大距离让我们隐约可以想象到宇宙中广袤无垠的空间。银河系的另外几个邻居中有一个旋涡状星云，两个椭圆状星云和两个不规则形状的星云，它们的相对距离以及相对位置的图解请参见图57。

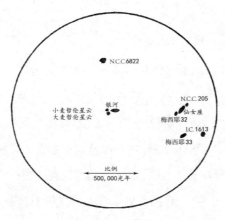

图57 银河系及其邻居。

据观测，在仙女座星云附近有两颗"卫星"，里面累积了上万亿颗的大量恒星，它们就像一群小蜜蜂一样围绕着这个遥远的恒星世界的仙女座星云旋转[1]。如果我们的银河没有属于自己的卫星的话，那就太不公平了，但实际上它还真有两颗卫星。由于它们距离我们相对较近（分别是8.5万和9.5万光年），所以我们用肉眼就能轻易地看到。它们是葡萄牙探险家斐迪南·麦哲伦首次发现的，所以我们的恒星地图上有两个麦哲伦云，就像我们的地图上有麦哲伦海峡一样。

除了这些近邻之外，天文学家通过望远镜还在更远的地方观测到了相同类型的恒星岛。这些形状和大小稍微不同的"彼岸恒星"分布在宇宙广袤的太空中，一直到了最高倍的望远镜所能观察到的地方。威尔逊山天文台上最大的哈勃望远镜能看到5亿光年之外的太空区域，通过这个望远镜发现旋涡状星云或仙女座星云与我们的银河系非常相似。在这个距离之内能看到的恒星岛总数大约就有1亿个，而且在100英寸望远镜也观测不到的更远地方可能还会有更多。

1.照片ⅩⅥ中就展示了旋涡状星云的一颗卫星。——作者注

"银河系外星云"不是星云

我们曾承诺会向读者证明所谓的"银河系外星云"不是大质量连续气体而是跟银河一样是由很多恒星组成的。实际上，证据相当简单。观测显示，这些"星云"所释放的光的光谱特点与我们太阳光的光谱特点很像。根据第六章的讨论，我们知道这种程度的光线释放所对应的表面温度能达到几千度，这跟太阳的表面温度差不多。

如果这些"星云"真的是大质量连续气体，同时表面温度又跟我们的太阳一样，那么它释放的光的总量与它们的表面面积成正比，也就是与线性尺寸的平方成正比。鉴于这些"星云"的平均直径是我们太阳直径的10亿倍，那么我们也会认为它们的总光度会是太阳光度的100亿亿倍。但是，根据观察，我们已经知道，仙女座星云实际可见光度只是太阳光度的17亿倍，远远没有这么亮。因此，我们难免会认为这些光并不是全部的表面光度，只是大量小光点发出的光度（见图53），而这些小光点的总面积几乎都达不到星云总表面面积的十亿分之一。如果我们恰好希望这个"星云"是由单个的普通恒星构成，那么就能说得通了。

"银河系外星云"的自转以及旋臂起源

前边已经提到，银河中恒星移动的相关统计研究显示，我们的恒星系统是围绕着它的中心轴而缓慢自转的。观测显示其他的恒星系统也有类似的自转。"银河系外星云"两端的多普勒效应（见照片ⅩⅣ）常常显示，其一端在逐渐靠近，另一端在向后撤退。例如，仙女座星云用几亿年的时间就能完全转一圈，旋转的角速度与银河系一样。

很容易就能发现这些恒星聚集呈现出椭圆形状是因为它们的自转造成的，而且旋臂的产生很有可能也是这个原因。目前詹姆斯·金斯提出的理论中假设旋臂是由星云的赤道平面快速自转而驱离出来的物质构成的（见照片ⅩⅤ）。尽管金斯的观点好像正确地解释了这些有趣的天空形式的起源，但尝试用该观点更详细地解释这一产生过程时，却遇到了一些困难。特别是，图56显示，旋臂有两种类型，但为什么会有两种类型？至今，还没有任何的天文学理论依据。

第十二章 宇宙的诞生

逃跑的星云

星云研究方面的开创者E·哈勃博士在对分散在广袤太空中的数不清星系进行研究之后, 得出了一个极其有趣而又令人困惑的结论。在测量这些遥远恒星系统的径向速度[1]时, 他注意到它们都几乎全部显示出同一种趋势: 远离我们而不是靠近我们。

但离我们最近的银河系外星云却并非如此, 因为它们的速度分布很随意, 靠近我们银河系与远离我们银河系的星云一样多。仙女座星云就是一个典型例子, 它正以30公里/秒的速度靠近我们。但即使在这些星云中, 靠近的速度常常会稍微低于退行的速度, 导致恒星岛的整体移动趋势是增加与我们星系之间的距离。

此外, 进一步发现恒星岛离我们越远, 它的退行速度就会变得越来越大, 完全可以对单个系统的不规则性所产生的任何相反影响能够进行过度平衡(见图58)。所以, 无一例外, 所有遥远的恒星岛都在远离地球, 而且离得越远跑得越快。哈勃的测量就证明这些退行速度会直接随着距离的增加而增加, 最邻近的星云的退行速度为几百英里每

1.这些遥远物体的径向速度, 也就是沿着视线移动的速度, 可以根据它们光谱的多普勒变化而直接评估得出。由于"银河系外星云"的距离很远, 所以无法测量它们与视线垂直的适当运动。——作者注

秒,而可见的最远星云的退行速度能达到6万英里/秒(是光速的三分之一!)。

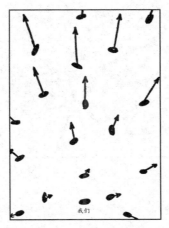

图58 不断远离我们的"银河系外星云",标注了逃逸的方向和速度。

不断扩张的宇宙

但是,可能有少数好奇的天文学家就要问了,我们的小地球就这么可怕?这些巨大的恒星世界就朝着所有可能的方向飞奔而去,难道就让它们如此唯恐避之不及吗?难道这个观点不正是回应了长期被抛弃的认为地球是宇宙中心的托勒密世界体系吗?

根本不是,因为"银河系外星云"不是特别地为了避开我们的银河系才逃离的,实际上只是为了避免各星系之间彼此相撞而已。如果我们在一个橡皮气囊表面上画上一些等距离的小点,然后当我们吹起气囊时(见图59),任何给定的各个点之间的距离就会有规律地增加,以至于此时位于其中一个点上的昆虫就会认为其他所有的点都在"远离"它。另外,从昆虫的位置观测,扩张气囊上各个点的退行速度就与它们与这个昆虫之间的距离成正比。

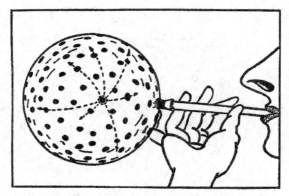

图59 当气囊扩张时，各个点之间彼此远离。

这个图解应该就能清楚地说明哈勃望远镜所观测到的现象是由于被"银河系外星云"所占据的太空匀速扩张造成的。我们必须要指出的是，在这个扩张的过程中，发生改变的只是不同恒星岛之间的距离，它们的几何大小不会受到影响。20亿年之后，所有的恒星岛还是会像现在这么大，但它们之间的距离将会是现在距离的两倍。另外，这些评估也说明，20亿年之前恒星岛之间的距离肯定非常小，聚集在一起后形成的星云实际上就像是所有的恒星都均匀分布在整个宇宙之中（图60）。

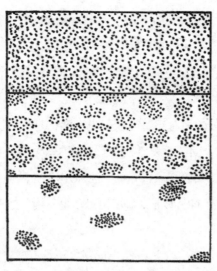

图60 在太空中均匀分布的恒星随着太空扩张而形成宇宙岛。

我们看到，这些单个星云的形成过程与单个恒星的形成过程有点相似，而不同的是，恒是由普通的气体分子形成，而星系却是由"恒星气体""凝结"而成，而其中的粒子代表的就是单个的恒星。

在各个星系之间的距离由于宇宙不断扩张而增大之前，这些巨大星群之间的相互吸引力肯定也会非常大。那么，跟行星系统中单个行星的产生过程相似（第十章），这种相互作用力一定也会为新生的宇宙岛提供一定的角动量，或许还会在宇宙岛的主体中拽出长长的"恒星气体"丝带从而形成我们现在所观测到的旋臂。

恒星和星系哪个形成得更早？

我们刚刚已经提到星系是由连续分布的星群演化而来，那么这是不是就说明恒星要比星系更古老呢？这到底正确与否？为什么我们就不能像詹姆士·金斯先生那样假设这其实完全是另一种情况呢? 按照金斯先生的说法, 先是宇宙中的原气体分裂成巨大的气体星云, 然后只有当这些星云彼此完全分离时, 才会再产生恒星。对于这种替代假设, 我们能说些什么呢?

恒星与星云的相对年龄问题跟先有鸡还是先有蛋这一著名的问题很像。但是这个问题更复杂, 只有进行更深入详细的研究之后才能继续讨论。所以, 我们必须得知足了, 根据作者及其搭档爱德华·泰勒最近的研究, 所有的观测证据显示恒星在星系刚开始形成时就已经存在了。

这个结论明显比詹姆士·金斯的观点更具有确定的优势, 不仅允许我们对星系形成的基本过程做出令人满意的解释, 而且据此计算出的距离和尺度等结果也与观测结果高度相符。读者如果想更详细地了解关于天体演化理论的主要争论, 请参考有关这些问题的专门文献作品。

扩张的早期及放射线元素的产生

如果我们现在及时回过头看, 反着观察宇宙扩张的过程, 我们会得到, 很久很久以前, 在星系甚至或者任何单个恒星都没有产生之前, 宇宙中充斥着的原气体密度和温度肯定都非常高。然后随着宇宙不断扩张, 这些气体的密度和温度才逐渐下降, 而且当下降到一定程度时, 这些原气体就开始退化形成单个恒星体。理论上说, 宇宙膨胀最早期的进化阶段, 在它里面气体的密度和温度应该是非常高, 高到我们都无法想象, 而且……。

"足够了!" 到目前为止, 读者一定会说, "这本书本应以特定的物理事实为依据。毕竟，现在只是在一味地推测认为宇宙是由超密度和超炙热的气体形成的！"

可是，确实有一个很好的物理事实能够有力地支持关于宇宙初期演化的这一推测，如果它实际上并不能直接证明我们的推测是对的，但至少是支撑这个推测的。事实上，宇宙中有像铀和钍这样的普通放射性元素，因为这些元素非常不稳定，所以它们只能是在特定的时间间隔内形成的。这些特殊的放射性元素的生命周期（铀为45亿年，钍为160亿年）以及目前它们在宇宙中的相对存量都明显地表明它们的生成不超过几十亿年。这与根据目前观测到的宇宙扩张速度而推算出来的宇宙由原始的超密气体产生的可能日期大致吻合。

另外，德国年轻的物理学家魏茨泽克最近的观测已经明确证明，像铀和钍这么重的元素只能在极高的密度和温度这样的物理条件下才能形成——需要密度是水密度的几十亿倍，需要温度达到几十亿摄氏度。即使是最热恒星的中心区域也达不到这种如此极端的物理条件，所以我们被迫只能认为它们是在宇宙早期的超密度和超炙热阶段生成的。

这些多样化的事实结合在一起提供给我们一个清晰的思路：放射性元素肯定是在宇宙的"史前"时期生成的。所以，驱动我们手表的夜光指针转动的是在我们所知的恒星和宇宙还没形成之前就被储存进原子核内部的能量。

空间的无限性

虽然现在的宇宙密度如此小，但是它的密度曾经是水密度的几十亿倍，那么，那时的宇宙有多大呢？会不会非常小，甚至一个拳头就能握住，如果当时有拳头的话？想要回答这个问题就要先看看我们的宇宙是有限的还是无限的。如果宇宙的大小是有限的，我们假设是可见的最远星云距离的10倍，那么其在放射性元素生成时的直径应该只有海王星轨道直径的10倍！但是，如果宇宙无限大，那么无论其受到多么强烈的挤压，它开始时也是无限的。

关于宇宙是无限还是有限这一问题以及与之密切相关的空间曲率问题都属于广义相对论的范畴，所以严格地说不应该在本书的范围内进行讨论[1]。所以，我们倾向于接受观测的结果，即根据最近的研究，我们的太空看起来应该是无限的，而且还会无限制地迅速扩张。那样更好吧！

1.关于弯曲空间及空间扩张的讨论可参见作者编著的《汤普金斯物理世界奇遇记》（麦克米伦，1940）——作者注

结 论

在合上这本书，然后继续下一个更有趣类型的神秘故事之前，读者也许还想重新思考一下本书的重要结论，按照更严格的年代顺序用几句话简要地回顾了在现代科学的视角下所呈现的宇宙进化图景。

本故事以充满高密度以及高温气体的宇宙作为起点，讲到在这种难以置信的物理条件下，就像开水中煮的鸡蛋那么容易，各种元素开始了它们的核蜕变。这个"史前"的宇宙厨房确认了不同化学元素的存在比例——铁和氧的含量最多，金和银的含量最少。另外，虽然长久的放射性元素也形成于这个早期时代，但因为其寿命超长，所以至今都没有完全衰变。

之后，由于受到来自这种高缩炙热气体的巨大压力，宇宙开始扩张，导致其中物质的温度以及密度开始不断地缓慢下降。当宇宙扩张到一定程度时，其中连续的气体分裂成了大小不同形状也不规则的单个云团，而这些云团不久演化成了规则的球形恒星体。刚成型的恒星比现在大很多，而且温度也不是非常高。但是由于重力收缩的渐进过程的影响，使得它们的直径缩小，温度升高。这些原始的恒星家族成员之间经常相撞，所以就形成无数的行星系统，在其中一次的相撞中，我们的地球就诞生了。

虽然恒星的温度一直在不断升高，但是它们的行星由于太小且无法产生能够促发热核反应的高温，所以就形成了一个坚固的外壳。随着空间不断地膨胀扩张，均匀分布在整个空间中的"恒星气体"彼此间的距离也越来越远，开始接近它们的现在值。

在空间扩张的另一个阶段，由于各个星系内部仍在聚拢，"恒星气体"就分裂成了单独的巨大星云。这些恒星岛离彼此都比较近，在相互吸引力的作用下，在很多情况下，很多恒星岛不仅产生了看起来非常奇怪的旋臂，而且还给它们提供了一定的旋转动量。

到那时，组成这些退行恒星岛的大部分恒星内部已经有了足够的高温，可以让氢以及其他轻元素开始各种不同的热核反应。变成"灰烬"的首先是氘，然后是锂和铍，最后是硼（核"灰烬"就是著名的气体氦）。"红巨星"经过这些不同阶段的演化之后，就会进入最长的主序演化阶段。当恒星体中没有任何氢元素之后，就会在碳、氮这些如浴火凤凰一般能重生元素的催化作用下开始将它们的氢转化成氦。我们的太阳现在正处于这个阶段。

但是，所有的恒星早晚都会用尽它们的氢供应。大质量恒星演化到这个关键的时刻时会展现出自己的最大光度，然后开始收缩释放出重力能。在很多情况下，这种收缩会导致恒星体总体失去平衡，然后爆炸成几块较小的碎片。在这个"创造过程"开始之后的20亿年，我们发现了这些耗尽氢的很多恒星碎片。它们的密度极高，但是光度很低，它们就是"白矮星"。

但是，我们的太阳消耗自己的氢时非常节省，目前还处于壮年时期的太阳仅仅才度过了自己生命的1/10，预计还会存活很久。可是，随着温度越来越高，几十亿年之后太阳有可能会焚尽地面上的一切，然后度过自己最亮的阶段之后便开始收缩。

随着那些挥霍无度的年老恒星逐渐衰亡，原始恒星生成过程中留下的那些气态物质又会形成许多新恒星。但是，随着时间流逝，构成无数恒星岛的大部分恒星都会逐渐老去。

等到宇宙诞生120亿年之后，或者公元100亿年，漫无边际的太空中将只会剩下仍在退行的几个恒星岛，而且其中的恒星不是已经衰亡就是正在走向衰亡。

年代表

研究恒星结构、能量生成及演化过程中的关键步骤：

1.收缩假设（赫姆霍兹） 1854年

2.发现放射现象（贝可） 1896年

3.将恒星分成基本的三类（罗素） 1913年

4.恒星内部论（爱丁顿） 1917及之后

5.人工转变元素（卢瑟福） 1919年

6.崩塌后的恒星形成白矮星（福勒） 1926年

7.核转变量子论（伽莫夫、格尼和康登） 1928年

8.恒星能量来源：热核反应（阿特金森与霍特曼斯） 1929年

9.恒星的循环核反应（魏茨泽克） 1937年

10.恒星演化与热核能量生成（伽莫夫） 1938年

11.太阳内部的碳–氮循环反应（贝特、魏茨泽克） 1938年

12.红巨星当中的轻元素反应（伽莫夫与特勒） 1939年

附　录

原子弹

正如在第4章中讨论的，我们只能利用重核裂变过程中发生的中子倍增反应来释放亚原子能，但在这种过程中唯一能利用的重核却只有铀的一种轻同位素U235，加上这种同位素在天然铀中的比例只有0.7%，所以我们所面临的困难就是如何从大量的惰性同位素U238中提取出这种稀有的轻同位素。

现在有两种办法可以分离这两种同位素，一种就是文章中介绍过的分数阶扩散法，另一种是更直接的质谱分析法。后者是在强烈的磁场中通过偏转高速运行的铀离子束来将不同质量的铀原子分离出来。

在战争的压力下，田纳西州一个名叫克林顿机器制造厂的单位开始秘密尝试大规模分离铀同位素，由此确定了诸多使用不同办法进行分离的计划。

虽然使用扩散法进行分离是在哥伦比亚大学研究团队的统一指导下执行的，但是磁分离厂中使用的却是美国加利福尼亚大学放射实验室的初期试验成果。事实证明，磁偏转法比分散法更有效，而且按照这种办法首次分离出的U235就足够制造原子弹。

费米和西拉德找到了一个可以在天然铀中生成一种缓慢的中子

倍增反应的办法，这为找到一种全新的更适合进行中子倍增反应的核子裂变提供了可能。

如我们在第4章中看到的，天然铀中不会自己发生这种反应是因为U235核子裂变释放的中子都被在数量上占据主导地位的惰性U238给捕获了，无法与任何其他的U235核子接触来产生更多的裂变和释放更多的中子。但是，我们都知道这两种铀吸收入射中子的性能是不同的，较轻的同位素U235更易吸收移动缓慢的中子，所以裂变过程中释放出的快速中子只可能被U238吸收。如果能在快速移动的中子与U238核子接触之前降低它们的运动速度，这些中子就能容易地被U235这些占据优势的少数党捕获，而不会便宜了那些在数量上占据主导地位的同位素。铀裂变现象被发现不久就有证据显示天然铀与水混合后就能减缓裂变所释放中子的速度，因为快速移动的中子与水分子中的氢核撞击之后，其原始的能量马上就会被夺走。但是，更详细的计算显示，即使把铀用水这种中子减速剂稀释，其中子丢失能量的速度也不能保证其一定不会被惰性的重同位素捕获。实际上，如果想让这种办法生效，我们必须首先要增加U235在天然铀中的含量，将其浓度翻倍。但是，这就又让我们回到了如何分离同位素的难题上。

相较于将两种物质制成一种均质的混合物，费米和西拉德的想法是将小颗粒的天然铀分散到中子减速媒介中。在这种情况下，各个小颗粒中释放出的中子就会从纯慢化物质或者现在所谓的慢化剂中穿过，这样当它们再回到铀中的时候速度就已经足够慢，而不会被重同位素捕获。

1942年12月，芝加哥大学第一次尝试了这种办法，将大量的颗粒状铀均匀分散到慢化剂中（不是水而是化学上的纯碳）。

他们用大量的小碳砖建立了一个巨大的椭圆体，保证每块砖上都有一小粒铀。这个"费米蛋"还真的起了效果，当（继续用碳砖块）加高加大到一定规模可以防止中子从其内部大规模逃脱时，巨蛋内部铀裂变形成的自养核反应将这个巨蛋的表面温度提升并保持在了150℃。

虽然费米蛋并不是第一个实现大规模释放核能的试验装置（或设计），但却让我们看到了在纯粹的环境下生成新元素的可能，这对爆炸性的中子倍增反应以及稀有的铀同位素235来说都是百利而无一害。实际上，费米蛋内部各U235核子释放的几个中子中，（平均）只需要一个多一点就足够支撑倍增反应和裂变过程的延续。虽然剩下的那些中子被U238捕获而无法参与反应，但要注意，因为这种捕获而形成的U239核子由于天生不稳定，会在连续释放两个中子后转变成新的元素核，当时一直未能确定这些新元素是什么，只知道其原子序数分别为93和94。现在已经能确定费米在多年率先发现的元素分别就是现在的镎和钚。上述试验所牵涉的核反应可以简化成如下形式：

$$_{92}U^{238} + _{0}n^{1} \rightarrow {}_{92}U^{239} + 辐射物$$

$$_{92}U^{239} \rightarrow {}_{93}Np^{239} + e$$

$$_{93}Np^{239} \rightarrow {}_{94}Pu^{239} + e$$

在分别经过23分钟和2.3天先后释放两个中子后，这个过程最终会生成钚，一种与铀很相似的可以长期释放α粒子的元素。但问题是钚的特质更接近U235而不是U238，所以可以用来生成中子倍增反应。由于原子序数是94的钚具有与铀不同的化学特性，所以使用普通的分析化学办法就能将钚与产生钚的铀分离开。

利用这种办法，不仅能使天然铀中的缓慢核反应摧毁其活跃的轻同位素，并以此为代价将铀的重同位素转变成钚，而且也能方便地大规模生成可裂变元素。

在克林顿先建立了一个小规模工厂来试验性地生产钚，成功之后，华盛顿州的哥伦比亚河上又建立了一个更大的钚工厂。

在大批量生产中不管是先获得U235还是钚，最重要的工作都是防止从宇宙射线或地下放射性物质中走失的中子诱使它们开始自发性的裂变反应。为了这一目的，需要将获得的产品一小点一小点分开存放，这样一旦周围空间中有大量的中子闯入，那么就能从源头上预防发生爆炸性的中子反应。

但是，虽然这些小样品还不足以引发中子倍增反应，但是一旦我们将它们聚在一起，马上就会开始反应并形成爆炸。这就是原子弹的原理。研究原子弹的制造办法时面临的首要问题就是无法试错，因为只有大量的可裂变物质才会发生爆炸，所以没有哪个生产工厂能有足够的产品可供他们随意进行试验。幸运的是，核过程理论以及计算所涉复杂反应的数学办法已经足够先进，可以让我们提前知道不管使用什么办法一旦将单独存放的核爆炸物质突然放到一起会发生什么情况。所以研制炸弹肯定需要进行大量的理论和数学演算。为了处理这个最后的问题，新墨西哥州的圣达菲附近建立了一个特殊的研究中心。

众所周知，联合生产核爆炸性物质及开发引发它们爆炸的办法的结果就是原子弹在新墨西哥沙漠上的试炸成功，还有两颗成品因为战争而被投到了日本。

鉴于原子弹对二战的影响及其在未来战争中的重要性，人们产生了一种更有趣的想法，那就是可不可能利用释放的原子能维持和平，促进人类文明发展，为人类谋福。要实现这些可能需要两个必要条件：新能源应充足且便宜、能量应集中在少量的物质中。

可以明确地说铀在中子倍增反应过程中所释放的能量并不能满足第一条。事实上，U235作为目前仅有的这种天然能源既不充裕也不便宜。

虽然铀作为原材料，所释放的能量好像比煤炭所释放的能量要稍微便宜点（见第85页），但在分离同位素或生产钚上遭遇的难题肯定会让原子能比通过燃烧普通煤炭或石油所获得的能量要贵很多。

另外，这个国家的铀储量预计都很难维持这个国家两个世纪的全部能量需求，但煤炭储量却足够再用上几千年。

虽然这么说，但这并意味着亚原子能就一定不会产生效益，因为日常普通的化学元素中就隐藏着大量的原子能，而且太阳及宇宙中的其他恒星也都非常成功地利用了亚原子能。但是，目前我们确实还没有什么办法可以有效地开启这些主要的亚原子能储库，所以只能利用隐藏在铀的轻同位素中的一小部分。构成我们地球的岩石在化学上属于惰性物质，但里面却存储了煤炭和石油可以产生能量，所以同样能产生能量的铀轻同位素也算得上是大自然的一个奇特之处了。

等我们什么时候为了获得高度集中的能量而可以不计成本的时候，铀能的利用就有出头之日了。以后，如果可以直接用U235或钚做燃料，或者如果能用普通稳定元素的中子轰击铀而生成的悄然蜕变的放射性物质制成的特殊"原子蓄电池"来收集它们的能量，那么制造的飞机就能绕地球飞行上千圈而不需要补给燃料，制造的其他车辆也只需要"加油"一次就能跑上好几年。但是，如果能用铀能造出太空火箭进行星际间沟通的话那就更好了，因为截至目前，所有已知的燃料，不管是什么，如果量太小，所释放的能量都无法将火箭送到月亮或太阳系的其他行星上。

那就让我们拭目以待吧！

图书在版编目（ＣＩＰ）数据

太阳的生与死 / (美) 乔治·伽莫夫著 ; 赵玉露译.
—北京 : 团结出版社, 2019.11
ISBN 978-7-5126-7530-8

Ⅰ.①太⋯ Ⅱ.①乔⋯ ②赵⋯ Ⅲ.①太阳–普及读物
Ⅳ.①P182–49

中国版本图书馆CIP数据核字(2019)第257305号

出版：团结出版社
　　 (北京市东城区东皇城根南街84号　邮编：100006)
电话：(010) 65228880　　65244790　（传真）
网址：www.tjpress.com
Email：zb65244790@vip.163.com
经销：全国新华书店
印刷：大厂回族自治县德诚印务有限公司

开本：148×210　1/32
印张：7
字数：165千字
版次：2020年6月　第1版
印次：2020年6月　第1次印刷

书号：978-7-5126-7530-8
定价：45.00元